普通高等教育"十二五"规划教材
高等学校公共课计算机规划教材

数据库系统实验与学习指导
——基于 SQL Server 平台

王霄鹏　主编

杨厚俊　丛书主编

杜祥军　赵　毅　尹　卓　编著

电子工业出版社.
Publishing House of Electronics Industry
北京·BEIJING

内 容 简 介

本书兼顾理论性和实践性，系统、全面地介绍 SQL Server 数据库管理系统的基础知识和操作方法。全书共 9 章，主要内容包括：SQL Server 2008 简介、SQL Server 2008 数据库开发环境、创建数据库和表、表的基本操作与数据查询、安全性与完整性管理、视图和索引、存储过程和触发器、函数、T-SQL语言。本书提供配套电子课件、程序代码等。

本书可作为高等学校计算机、信息技术相关专业的实践教材，也可作为专科和高职院校相关专业的实践教材，还可供相关工程技术人员学习、参考。

未经许可，不得以任何方式复制或抄袭本书之部分或全部内容。

版权所有，侵权必究。

图书在版编目（CIP）数据

数据库系统实验与学习指导：基于 SQL Server 平台 /王霄鹏主编. —北京：电子工业出版社，2015.8
高等学校公共课计算机规划教材
ISBN 978-7-121-26946-2

Ⅰ. ①数… Ⅱ. ①王… Ⅲ. ①关系数据库系统－高等学校－教材 Ⅳ. ①TP311.138

中国版本图书馆 CIP 数据核字（2015）第 192328 号

策划编辑：王晓庆
责任编辑：王晓庆
印　　刷：北京京师印务有限公司
装　　订：北京京师印务有限公司
出版发行：电子工业出版社
　　　　　北京市海淀区万寿路 173 信箱　　邮编：100036
开　　本：787×1092　1/16　印张：9.75　字数：250 千字
版　　次：2015 年 8 月第 1 版
印　　次：2020 年 1 月第 4 次印刷
定　　价：29.00 元

凡所购买电子工业出版社图书有缺损问题，请向购买书店调换。若书店售缺，请与本社发行部联系，联系及邮购电话：(010)88254888，88258888。

质量投诉请发邮件至 zlts@phei.com.cn，盗版侵权举报请发邮件至 dbqq@phei.com.cn。

本书咨询联系方式：(010)88254113，wangxq@phei.com.cn。

前　言

计算机技术的发展不仅极大地促进了科学技术的发展，而且明显地加快了经济信息化和社会信息化的进程，因此，计算机教育在各国备受重视，具备计算机知识与能力已成为21世纪人才的基本素质之一。

数据库技术彻底改变了人们的工作和生活方式，改变了企业的运营和管理方式。人们可以利用数据库进行人事管理、财务管理、邮件管理、视频与图像管理、决策支持和商业运营，更加高效地存储和管理数据、获取信息。数据库技术是迄今为止管理数据最为高效的技术，人们切切实实地感受到了信息爆炸、大数据对生产和生活的影响。今天，掌握数据库相关的知识和技术已经成为计算机行业青年一代必备的技能。

为了进一步加强计算机专业基础教学工作，适应高等学校正在开展的课程体系与教学内容改革的要求，及时反映计算机相关领域的最新技术发展现状，积极探索21世纪人才培养的新教学模式，我们编写了这本数据库实践教材。

该教材有如下特色。

● 根据最新教学理念，采用验证实验与综合实验相结合的教学方法，利用问题驱动的方式安排课程架构，突出学生主动探究在整个实践教学过程中的地位和作用。

● 在内容及描述上，换位思考，站在学生实践的角度陈述问题，描述概念，以实践为主体，避免大量堆砌华而不实的专业词汇。

● 本书的基本思路是分两步走。首先，以验证实验作为一条主线，围绕这条主线介绍SQL Server 数据库的基本结构、基础知识和相关功能，从系统的特点、安装和配置出发，逐步深入，介绍 SQL Server 的主要功能；其次，以综合实验作为另一条主线，介绍数据库构建和应用系统开发的基本知识、设计实践项目，引导学生利用各章节的内容完成数据库系统的综合设计。上述两条主线是一个有机的整体，相辅相成，其实质是一条理论知识与实践应用有机结合的实践教学主线。

● 本书注重将数据库技术的最新发展适当地引入实践教学中来，保持了教学内容的先进性。而且本书源于计算机基础教育的教学实践，凝聚了一线任课教师多年的教学经验与教学成果的积累。

全书共 9 章。教材从先进性和实用性出发，较全面地介绍 SQL Server 数据库的基本理论和应用方法，主要内容包括：第 1 章讲述 SQL Server 数据库管理系统的基本特点、体系结构、安装方法和管理工具，介绍关系数据库的基本概念和基础知识；第 2 章介绍 SQL Server 系统开发环境与数据库对象；第 3 章讲述 SQL Server 数据库和基本表的逻辑、物理结构及创建方法；第 4 章讲述 SQL Server 表的基本操作与数据查询方法；第 5 章讲述 SQL Server 数据库的安全性与完整性管理；第 6 章讲述视图和索引的原理与方法；第 7 章讲述存储过程和触发器的原理与方法；第 8 章讲述函数的原理与方法；第 9 章讲述 T-SQL 语言的基本语法。

通过学习本书，你可以：

● 了解数据库的逻辑、物理结构；

- 了解数据库管理的基本原理和主要技术；
- 掌握 SQL Server 数据库管理系统的基本配置；
- 掌握 SQL Server 数据库管理系统的基本操作；
- 掌握创建 SQL Server 数据库的步骤；
- 掌握管理 SQL Server 数据库的方法。

本书语言简明扼要、通俗易懂，具有很强的专业性、技术性和实用性。本书是作者在计算机专业课程实践教学的基础上积累而成的。每章都附有对应的实践内容，供学生实践练习。

本书可作为高等学校计算机、信息技术相关专业的实践教材，也可作为专科和高职院校相关专业的实践教材，还可供相关工程技术人员学习、参考。

教学中，可以根据教学对象和学时等具体情况对书中的内容进行删减和组合，也可以进行适当扩展，参考学时为 18～36 学时。为适应教学模式、教学方法和手段的改革，本书提供配套电子课件、程序代码等，请登录华信教育资源网（http://www.hxedu.com.cn）注册下载。

本书由王霄鹏主编，杜祥军、赵毅、尹卓分别负责了部分章节的编写。杨厚俊教授在百忙之中对全书进行了审阅。在本书的编写过程中，许多专家与教授提出了宝贵意见，电子工业出版社的王晓庆编辑为本书的出版做了大量工作。在此一并表示感谢！

本书的编写参考了大量近年来出版的相关技术资料，吸取了许多专家和同仁的宝贵经验，在此向他们深表谢意。

由于数据库技术发展迅速，作者学识有限，书中误漏之处难免，望广大读者批评指正。

作　者

2015 年 8 月

目　　录

第1章 SQL Server 2008 简介

SQL Server 是微软公司的旗舰产品之一，是一套功能强大的关系型数据库解决方案，向用户提供了数据的定义、控制和操作等基本功能，同时也提供了数据的完整性、安全性、并发性和集成性等复杂功能。

SQL Server 2008 于 2008 年 8 月 6 日推出，是一个典型的关系型数据库管理系统。作为 SQL Server 家族中一个重要的产品版本，SQL Server 2008 具有许多新的特性和重要的改进，以其功能强大、操作简便、安全可靠等特性得到了广大用户的认可，其应用也越来越广泛，是一套目前在数据库应用领域使用范围广泛、技术成熟、功能强大和全面的数据库管理系统。

1.1 SQL Server 2008 特点

SQL Server 2008 在 Microsoft 数据平台上发布，该平台提供了一个解决方案，公司或企业可以利用该解决方案存储和管理各种数据类型，包括 XML、E-mail、时间/日历、文件、文档、地理信息等，可以将结构化、半结构化和非结构化文档的数据直接存储到数据库中；该解决方案同时提供一个丰富的服务集合来与数据进行交互，包括搜索、查询、数据分析、报表、数据整合和强大的同步功能。用户还可以访问存档于任何设备的数据信息，无论是存储在数据中心最大的服务器，还是存储在桌面计算机或移动设备，都可以有效控制数据，而不用考虑数据的实际存储位置。SQL Server 2008 数据平台示意图如图 1.1 所示。

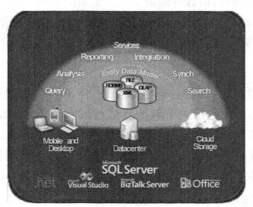

图 1.1　SQL Server 2008 数据平台示意图

SQL Server 2008 允许在使用 Microsoft .NET 和 Visual Studio 开发的自定义应用程序中使用数据，允许在面向服务的架构（SOA）和通过 Microsoft BizTalk Server 进行的业务流程中使用数据，相关工作人员可以通过日常使用的应用工具直接访问数据。

SQL Server 2008 之所以能够作为 Microsoft 数据平台的重要组成部分，是因为它使得公司或企业可以利用 SQL Server 2008 运行他们的关键应用程序，同时降低了管理数据基础设施和发送信息给用户的成本。

SQL Server 2008 有以下特点。

（1）可信任的。使得公司可以以很高的安全性、可靠性和可扩展性来运行他们最关键任务的应用程序。

（2）高效的。使得公司可以降低开发和管理数据基础设施的时间和成本。

（3）智能的。提供了一个全面的平台，可以在用户需要的时候给他们发送信息。

1.1.1　可信任的

在现今数据驱动的世界中，企业或公司需要持续地访问他们的数据。SQL Server 2008 为关键任务应用程序提供了强大的安全性、可靠性和可扩展性。

1.　保护信息

在前一个版本 SQL Server 2005 的基础之上，SQL Server 2008 做了以下方面的增强来扩展它的安全性。

（1）数据加密

SQL Server 2008 可以对整个数据库、数据文件和日志文件进行加密，而无须改动应用程序。进行加密使企业或公司可以满足其遵守规范和关注数据隐私的要求。数据加密的好处包括支持范围或模糊查询搜索加密的数据、加强数据安全性以防止未授权的用户访问及数据加密，这些可以在不改变已有的应用程序的基础上进行。

（2）密钥管理

SQL Server 2008 为加密和密钥管理提供了一个全面的解决方案。为了满足不断增强的对数据中心的信息安全性的需求，企业用户可以授权代理来管理企业内部的安全密钥。SQL Server 2008 通过支持第三方密钥管理和硬件安全模块（HSM）产品为这个需求提供了很好的支持。

（3）增强审计

SQL Server 2008 使用户可以对数据的操作进行审计，从而提高了安全性。审计不只包括对数据修改的所有信息，还包括关于对数据进行读取的信息。SQL Server 2008 具有在服务器中进行审计配置和管理的功能，可以满足用户各种规范需求。SQL Server 2008 还可以定义每个数据库的审计规范，可以为每个数据库单独制定审计配置。为指定对象进行审计配置能够使审计的执行性能更好，配置的灵活性更高。

2.　确保业务可持续性

有了 SQL Server 2008，企业用户拥有了持续提供易于管理且可靠性高的应用服务的能力。

（1）改进了数据库镜像功能

SQL Server 2008 基于 SQL Server 2005，并提供了更可靠的数据库镜像的平台。新的特性包括以下几点。

- 页面自动修复：SQL Server 2008 通过请求获得一个从机器上得到的出错页面的镜像副本，使主要的和镜像的计算机可以透明地修复数据页面上的错误。
- 提高了性能：SQL Server 2008 压缩了输出日志流，以便使数据库镜像所要求的网络带宽达到最小。
- 加强了可支持性：SQL Server 2008 包括新增的执行计数器，它能够以更细的粒度对数据库管理系统（Database Management System，DBMS）不同阶段所耗费的时间进行计时；SQL Server 2008 还包括动态管理视图（Dynamic Management View）和对现有的视图的扩展，以此来显示镜像会话的更多信息。

（2）热添加 CPU

为了实时添加计算资源以扩展 SQL Server 的服务支持，热添加 CPU 技术使数据库能够实现按需扩展，即可以将 CPU 资源随时添加到 SQL Server 2008 所在的硬件平台上而无须停止应用程序。

3．最佳的和可预测的系统性能

企业用户面对不断增长的数据压力，要提供可预测的响应和对不断增长的数据进行管理。SQL Server 2008 提供了一个强大的功能集合，使数据平台上所有工作负载的执行都是可扩展的和可预测的。

（1）性能数据的采集

性能调整和故障排除对于管理员来说是耗费时间的工作。为了给管理员提供全面的执行洞察力，SQL Server 2008 提供了范围更大的数据采集机制，用于存储性能数据的新数据库及新的报表和监控工具。

（2）扩展事件

SQL Server 扩展事件是一个用于服务器系统的通用事件处理系统。扩展事件基础设施是一个轻量级的机制，它支持对服务器运行过程中产生的事件进行捕获、过滤和响应。这种对事件进行响应的能力使用户可以通过增加上下文关联数据来快速地诊断运行问题。事件捕获可以按几种不同的类型输出，如 Windows 事件跟踪（Event Tracing for Windows，ETW）。当扩展事件输出到 ETW 时，操作系统和应用程序可以进行关联，从而进行更全面的系统跟踪。

（3）备份压缩

保持在线进行基于磁盘的备份是很消耗系统资源和时间的。有了 SQL Server 2008 备份压缩机制，需要的磁盘 I/O 操作减少了，在线备份所需要的存储空间也减少了，并且备份的速度明显加快了。

（4）数据压缩

改进的数据压缩技术使数据可以更有效地存储，并且降低了数据的存储要求。数据压缩还为大型的、限制 I/O 操作的工作负载，如数据仓库提供了显著的性能改进。

（5）资源监控器

资源监控器的推出使企业用户可以为终端用户提供持续的和可预测的响应。资源监控器使数据库管理员可以为不同的工作负载定义资源限制和优先权，这使得并发工作负载可以为终端用户提供稳定的性能支持。

（6）稳定的计划

SQL Server 2008 通过提供一个新的制定查询计划的功能，从而提供了更好的查询执行稳定性和可预测性，为企业或公司在硬件服务器更换、服务器升级和产品部署期间提供稳定的查询计划。

1.1.2　高效的

SQL Server 2008 降低了管理系统、.NET 架构和 Visual Studio Team System 的时间和成本，使得开发人员可以开发强大的下一代数据库应用程序。

1．基于策略的管理

作为微软正在努力降低公司的总成本所做的工作的一部分，SQL Server 2008 推出了陈述式管理架构（DMF），它是一个新的用于 SQL Server 数据库引擎的基于策略的管理框架。陈述式管理架构具有以下优点：

- 遵从系统配置的策略；
- 监控和防止通过创建不符合配置的策略来改变系统；
- 通过简化管理工作来减少企业用户的总成本；
- 使用 SQL Server 管理套件查找遵从性问题。

DMF 是一个用于管理一个或多个 SQL Server 2008 实例的系统。SQL Server 策略管理员使用 SQL Server 管理套件创建策略，这些策略管理服务器上的实体，如 SQL Server 的实例、数据库及其他 SQL Server 对象。DMF 由三个要素组成：策略管理、创建策略的策略管理员及显式管理。管理员选择一个或多个要管理的对象，并显式检查这些对象是否遵守指定的策略，或显式地迫使这些对象遵守某个策略。

策略管理员使用以下的执行模式之一，保证策略自动执行。

- 强制性：使用 DDL 触发器阻止违反策略的操作。
- 对改动进行检查：当一个与策略相关的改动发生时，使用事件通知来评估该策略。
- 检查时间表：使用一个 SQL Server Agent 定期地评估策略。

2．改进了安装

SQL Server 2008 对 SQL Server 的服务生命周期进行了显著的改进，它重新设计了安装、建立和配置架构。这些改进将计算机上的各个组件安装与 SQL Server 软件的配置分离开来，这使得企业用户和软件合作伙伴可以提供推荐的安装配置。

3．加速开发过程

SQL Server 提供了集成的开发环境和更高级的数据提取服务，使开发人员可以创建下一代数据应用程序，同时简化了对数据的访问。

（1）ADO .NET 实体框架

数据库开发的一个趋势是定义高级的业务对象或实体，然后将它们匹配到数据库中的表和字段，开发人员使用高级实体，如"客户"或"订单"来显示背后的数据。ADO .NET 实体框架使开发人员可以以这样的实体来设计关系数据。在这一抽象级别的设计是非常高效的，并使得开发人员可以充分利用实体和关系进行建模。

（2）语言级集成查询能力

微软的语言级集成查询能力（LINQ）使开发人员可以通过使用高级程序语言，如 C#或 Visual Basic .NET，而不是 SQL 语句来对数据进行查询。LINQ 使程序员可以用.NET 框架语言编写无缝而强大的面向集合的查询和实体数据服务。SQL Server 2008 提供了一个新的 LINQ 到 SQL 的机制，使得开发人员可以直接将 LINQ 用于 SQL Server 2008 的表和字段。

（3）CLR 集成和 ADO .NET 对象服务

ADO .NET 的对象服务层使得开发人员可以进行具体化检索、改变跟踪和实现。开发人员可以通过使用由 ADO .NET 管理的 CLR 对象对数据库进行编程。SQL Server 2008 为提高性能和简化开发过程提供了更有效的支持。

（4）Service Broker 可扩展性

Service Broker 为 SQL Server 数据库引擎中的消息和队列应用程序提供本机支持，使得开发人员可以更轻松地创建使用数据库引擎组件在不同的数据库之间进行通信的复杂应用程序。SQL Server 2008 继续加强了 Service Broker 的能力。

● 会话优先权：用户可以配置优先权，使得最重要的数据第一个被发送并进行处理。
● 诊断工具：诊断工具提高了用户开发、配置和管理使用 Service Broker 的解决方案的能力。

（5）Transact-SQL 的改进

SQL Server 2008 通过几个关键的改进，增强了 Transact-SQL 编程人员的开发体验。

● Table Value Parameters：在许多应用中，要传递一个表的值（行）的集合到服务器上的一个存储过程或函数中，这些值可能直接用于插入表或更新表，或者是用于更复杂的数据操作。值作为表的参数，为定义一个表及利用程序创建、赋值和传递表的参数到存储过程和函数中提供了更简单的方式。

● 对象相关性：对象相关性的改进通过新推出的种类查看和动态管理功能，使开发人员能够找出对象间的相关性。相关性信息是关于绑定架构和未绑定架构的对象的最新的信息，相关性会跟踪存储过程、表、视图、函数、触发器、用户定义的数据类型、XML schema 集合和其他对象。

● 日期/时间数据类型：SQL Server 2008 推出了新的日期和时间数据类型，包括 DATE（一个只包含日期的类型，只使用 3 字节来存储一个日期）、TIME（一个只包含时间的类型，只使用 3～5 字节来存储精确到 100ns 时间）、DATETIMEOFFSET（一个可辨别时区的日期/时间类型）和 DATETIME2（一个具有比原有的 DATETIME 类型更精确的秒和年范围的日期/时间类型）。新的数据类型使应用程序可以有单独的日期和时间类型，同时为用户定义的时间值提供更高的精度和更大的取值范围。

4．偶尔连接系统

有了移动设备和活动式工作人员，偶尔连接成为了一种工作方式。SQL Server 2008 推出了一个统一的同步平台，使应用程序、数据存储和数据类型之间达到同步。在与 Visual Studio 的配合下，SQL Server 2008 可以通过 ADO .NET 中提供的新的同步服务和 Visual Studio 中的脱机设计器快速地创建偶尔连接系统。SQL Server 2008 提供了支持，使得开发人员可以改变跟踪，并且使客户可以以最小的执行消耗进行功能强大的运算，以此来开发基于缓存的、基于同步的和基于通知的应用程序。

5．不只是关系数据

应用程序正在使用越来越多的数据类型，而不仅仅是过去数据库所支持的那些。SQL Server 2008 基于对非关系数据的强大支持，提供了新的数据类型，使得开发人员和管理员可以有效地存储和管理非结构化数据，如文档和图片，还增加了对管理高级地理数据的支持。除了新的数据类型，SQL Server 2008 还提供了一系列对不同数据类型的服务，同时为数据平台提供了可靠性、安全性和管理性支持。

（1）HIERARCHY ID

SQL Server 2008 使数据库应用程序以比之前更有效的方式建立树状结构。HIERARCHY ID 是一个新的系统类型，它可以存储一个层次树中节点的值，该类型提供了一个灵活的编程模型。它作为一个 CLR 用户定义类型（UDT）来执行，提供了几种用于创建和操作层次节点的有效的内置方法。

（2）FILESTREAM 数据

新的 SQL Server 2008 FILESTREAM 数据类型使大型的二进制数据，如文档和图片等可以直接存储到一个 NTFS 文件系统中，使传统的由数据库管理的大型二进制数据能够作为单独的文件存储在数据库之外，它们可以通过使用一个 NTFS 流 API 进行访问，使普通文件操作能够有效地执行，同时提供所有的数据库服务，包括安全和备份。

（3）集成的全文检索

集成的全文检索使得在全文检索和关系数据之间可以无缝地转换，同时使得全文索引可以对大型文本字段进行高速的文本检索。

（4）稀疏列

这个功能使 NULL 数据不占物理空间，从而提供了一个有效地管理数据库中空数据的方法。例如，稀疏列使得一个 SQL Server 2008 数据库中空值的对象模型不会占用很大的空间，还允许管理员创建 1024 列以上的表。

（5）大型的用户自定义类型

SQL Server 2008 删除了对用户定义的类型的 8000 字节的限制，使用户可以显著地扩大他们的 UDT 的规模。

（6）地理数据

SQL Server 2008 为在基于空间的应用程序中存储、扩展和使用位置信息提供了广泛的空间支持。

- 地理数据类型：这个功能使用户可以存储符合行业空间标准（如开放地理空间联盟，Open Geospatial Consortium，OGC）的平面的空间数据。这使得开发人员可以通过存储与设计平面表面和自然平面数据等相关联的多边形、点和线来实现"平面地球"解决方案。
- 几何数据类型：这个功能使用户可以存储地理空间数据并对其执行操作。使用经度和纬度的组合来定义地球表面的区域，并结合了地理数据和行业标准椭圆体（如用于全球 GPS 解决方案的 WGS84）。

1.1.3　智能的

商业智能（BI）是大多数企业投资的关键领域，同时也是一个对企业所有层面的用户来说都十分重要的信息源。SQL Server 2008 提供了一个全面的平台，用于提供智能服务。

1．集成任何数据

企业投资商业智能和数据仓库解决方案，是为了从数据中获取商业价值。SQL Server 2008 提供了一个全面的和可扩展的数据仓库平台，它可以用一个单独的分析存储平台进行强大的分析计算，以满足成千上万的用户在兆字节级的数据中的需求。下面是 SQL Server 2008 在数据仓库方面的一些优点。

（1）数据压缩

数据仓库中的数据容量随着应用系统数目的快速增加而在持续增长。内嵌在 SQL Server 2008 中的数据压缩机制使得企业可以更有效地存储数据，同时还提高了性能，降低了 I/O 要求。

（2）备份压缩

保持一直在线做基于磁盘备份的花费昂贵，并且很耗时。有了 SQL Server 2008 的备份压缩机制，保持在线备份所需的存储空间降低了，并且备份速度明显加快了，其原因在于所需要的磁盘 I/O 操作减少了。

（3）分区表并行

分割机制将大型的、不断增长的数据表分割为易于管理的数据块，使企业能够更有效地管理它们。SQL Server 2008 的分割机制是在 SQL Server 2005 的基础之上建立的，它改进了对大型的分区表的操作性能。

（4）星形连接查询优化器

SQL Server 2008 为普通的数据仓库场景提供了改进的查询性能。星形连接查询优化器通过辨别数据仓库连接模式，缩短了查询响应时间。

（5）资源监控器

SQL Server 2008 资源监控器的推出，使得企业可以给终端用户提供一致的和可预测的反馈。资源监控器使企业可以为不同的工作负载定义资源限制和优先权，使得并发工作负载能够提供稳定的性能。

（6）分组设置

分组设置（GROUPING SETS）是对 GROUP BY 条件语句的扩展，它使得用户可以在同一个查询中定义多个分组。分组设置生成一个单独的结果集，这个结果集相当于对不同分组的行进行了 UNION ALL 的操作，这使得聚合查询和报表更加简单和快速。

（7）捕获变更数据

捕获变更数据机制负责将变更捕获并存放在变更表中，它捕获变更的完整内容，维护交叉表的一致性，甚至是对交叉的模式变更也起作用。这使得企业可以将最新的信息集成到数据仓库中。

（8）MERGE SQL 语句

有了 MERGE SQL 语句，开发人员可以更有效地处理数据仓库的场景，例如，检查一行数据是否存在，然后执行插入或更新。

（9）可扩展的集成服务

集成服务的可扩展性方面的两个关键优势如下。

● SQL Server 集成服务（SQL Server Integration Services，SSIS）管道改进：数据集成包可以更有效地扩展、使用有效的资源和管理最大的企业级的工作负载。这个新的设计将运行时间的可扩展性提高到多个处理器中。

● SSIS 持久查找：执行查找是最常见的抽取、转换和加载（ETL）操作。SSIS 增强了查找的性能以支持大型表。

2．发送相应的报表

SQL Server 2008 提供了一个可扩展的商业智能基础平台，使得 IT 人员可以在整个公司内使用商业智能来管理报表及任何规模和复杂度的分析工作。SQL Server 2008 使得公司可以有效地以用户想要的格式和地址发送相应的、个人的报表给成千上万的用户。通过交互发送用户需要的企业报表，获得报表服务的用户数目大大增加了，这使得用户可以获得他们各自领域的相关信息并及时访问，使得他们可以做出更好、更快的决策。SQL Server 2008 使所有的用户都可以通过下面的改进来制作、管理和使用报表。

（1）企业报表引擎

通过简化的部署和配置，可以在企业内部更容易地发送报表。这使得用户能够轻松地创建和共享所有规模和复杂度的报表。

（2）新的报表设计器

改进的报表设计器可以创建各种报表，满足所有报表需求。独特的显示能力使报表可以被设计为任何结构，同时增强可视化，进一步丰富了用户的体验。

此外，报表服务使商业用户可以在一个使用 Microsoft Office 的环境中编辑或更新现有的报表，不论这个报表最初是在哪里设计的，从而使公司能够从现有的报表中获得更多的价值。

（3）强大的可视化工具

SQL Server 2008 扩展了报表中可用的可视化组件。可视化工具如地图、量表和图表等使得报表更加友好和易懂。

（4）Microsoft Office 兼容

SQL Server 2008 提供了新的 Microsoft Office 兼容，使得用户可以从 Word 中直接访问报表。此外，现有的 Excel 被极大地增强了，用以支持像嵌套数据区域、子报表和合并单元格等功能。这使得用户可以维护和修改 Microsoft Office 应用中所创建的所有报表。

（5）Microsoft SharePoint 集成

SQL Server 2008 报表服务将 Microsoft Office SharePoint Server 2007 和 Microsoft SharePoint Services 深度集成，提供了企业报表和其他商业角度的集中发送和管理。这使得用户可以访问包含与他们在商业门户中所做的决策相关的结构化和非结构化信息的报表。

3．使用户获得全面的洞察力

及时地访问准确信息，使用户快速对问题（甚至是非常复杂的问题）做出反应，这是在线分析处理（Online Analytical Processing，OLAP）的前提。SQL Server 2008 基于 SQL Server 2005 强大的 OLAP 能力，为所有用户提供了更快的查询速度，这个性能的提升使得企业可以执行具有许多维度的复杂分析。较高的执行速度与 Microsoft Office 的深度集成相结合，使 SQL Server 2008 可以让所有用户获得全面的洞察力。SQL Server 分析服务具有以下优势。

（1）设计为可扩展的

SQL Server 2008 加强了分析能力，提供了更复杂的算法，能进行的分析范围更广。新的数据立方体设计工具帮助用户将分析基础设施的开发工作线性化，为优化性能建立解决方案。这个设计里内嵌了 Best Practice Design Alerts，使得开发人员可以在设计时集成实时警告。Dimension Designer 使得开发人员可以方便地查看和编辑属性关系，还可以提供多个内置的验证方法；而在数据挖掘结构中增强的灵活性使得用户可以创建多个不同的模型，而不仅仅是过滤数据。

（2）块计算

块计算能够显著提高处理性能，使得用户可以增加他们的层级深度和计算复杂度。

（3）回写到 MOLAP

SQL Server 2008 分析服务中的新的基于 MOLAP 回写功能不再需要查询 ROLAP 分区，这给用户提供了更强的分析应用程序中的回写设定的能力，而不需要牺牲 OLAP 的性能。

（4）资源监控器

在 SQL Server 2008 中，一个新的资源监控器提供了对资源利用情况的详细观察能力。有了这个资源监控器，数据库管理员可以快速并轻松地监控和控制分析工作负载，包括识别哪个用户在运行什么查询和他们会运行多久，这使得管理员可以更好地优化服务器的使用。

（5）预测分析

一个改进的时间序列算法扩大了预测能力。这个查询数据挖掘结构的能力使得报表可以很容易地包含从挖掘模型外部得来的属性。新的交叉验证特性对数据进行多处对比，发送给用户可靠的结果。这些数据挖掘的改进之处一起提供更好的分析与更丰富的信息。

1.2 SQL Server 2008 安装

1.2.1 SQL Server 2008 的版本类型

根据数据库应用环境和需求的不同，SQL Server 2008 分别发布了企业版、标准版、开发版、工作组版、Web 版、精简版和移动版等多个版本，其功能和作用也各不相同，以满足企业和个人的不同性能、运行效率及价格方面的不同需求。

1. SQL Server 2008 企业版

SQL Server 2008 企业版（Enterprise Edition）是一个全面的数据管理和业务智能平台，为关键业务应用提供了企业级的可扩展性、数据仓库、安全、高级分析和报表支持。这一版本为用户提供稳定的服务器和执行大规模在线事务处理的能力。

2. SQL Server 2008 标准版

SQL Server 2008 标准版（Standard Edition）是一个完整的数据管理和业务智能平台，为部门级应用提供了最佳的适用性和可管理特性。

3. SQL Server 2008 开发版

SQL Server 2008 开发版（Developer Edition）允许开发人员构建和测试基于 SQL Server 的任意类型应用。这一版本拥有所有企业版的特性，但只限于在开发、测试和演示中使用。基于这一版本开发的应用和数据库可以很容易地升级到企业版。

4. SQL Server 2008 工作组版

SQL Server 2008 工作组版（Workgroup Edition）是一个值得信赖的数据管理和报表平台，用以实现安全的发布、远程同步和对运行分支应用的管理能力。这一版本拥有核心的数据库特性，可以很容易地升级到标准版或企业版。

5. SQL Server 2008 Web 版

SQL Server 2008 Web 版（Web Edition）是针对运行于 Windows 服务器中要求高可用性、面向 Internet Web 服务的环境而设计的。这一版本为实现低成本、大规模、高可用性的 Web 应用或客户托管解决方案提供了必要的支持工具。

6. SQL Server 2008 精简版

SQL Server 2008 精简版（Express Edition）是 SQL Server 的一个免费版本，它拥有核心的数据库功能，其中包括 SQL Server 2008 中最新的数据类型，但它是 SQL Server 的一个微型版本。这一版本是为了学习、创建桌面应用和小型服务器应用而发布的,也可供 ISV 再发行使用。

7．SQL Server 2008 移动版

SQL Server 2008 移动版(Compact Edition)是一个针对开发人员而设计的免费嵌入式 数据库,这一版本的意图是构建独立、仅有少量连接需求的移动设备、桌面和 Web 客户端 应用。SQL Server 2008 移动版可以运行于所有的微软 Windows 平台之上,包括 Windows XP 和 Windows Vista 操作系统,以及 Pocket PC 和 SmartPhone 设备。

1.2.2　SQL Server 2008 安装过程

SQL Server 2008 的安装过程与 SQL Server 2005 的安装过程基本一样,只不过在安装 的过程中部分选项有所改变。本书以在 Windows 7 操作系统环境下安装 SQL Server 2008 开发版为例,详细讲解 SQL Server 2008 的安装过程。

运行 SQL Server 2008 安装程序,程序会自动检测操作系统是否已安装 .NET 3.5 和 Windows Installer 4.5 系统环境,如未安装,则系统自动解压以上二者的安装文件并进行安 装,用户可根据安装向导进行操作。

配置好安装环境并重启计算机之后,运行 SQL Server 2008 安装程序,出现 SQL Server 安装中心的界面,如图 1.2 所示。

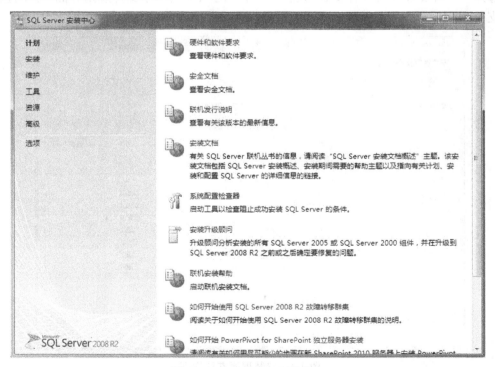

图 1.2　SQL Server 安装中心

选择"安装"选项,安装程序会显示系统安装的相关选项,如图 1.3 所示。

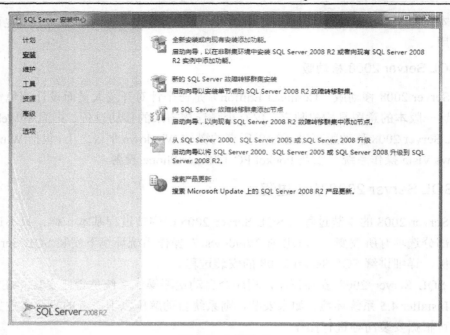

图 1.3　安装选项

选择"全新安装或向现有安装功能"，程序会进入安装程序支持规则界面，自动检测相关的支持规则，如图 1.4 所示。

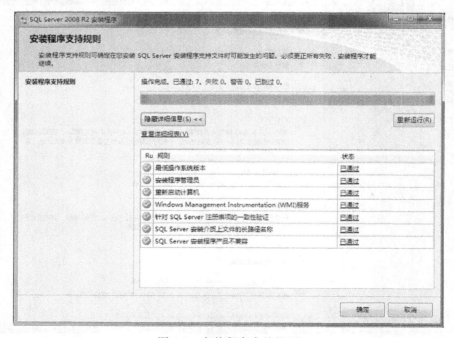

图 1.4　安装程序支持规则

单击[确定]按钮，进入产品密钥输入界面，如图 1.5 所示。

图 1.5　产品密钥

输入产品密钥，单击[下一步]按钮，进入许可条款界面，如图 1.6 所示。

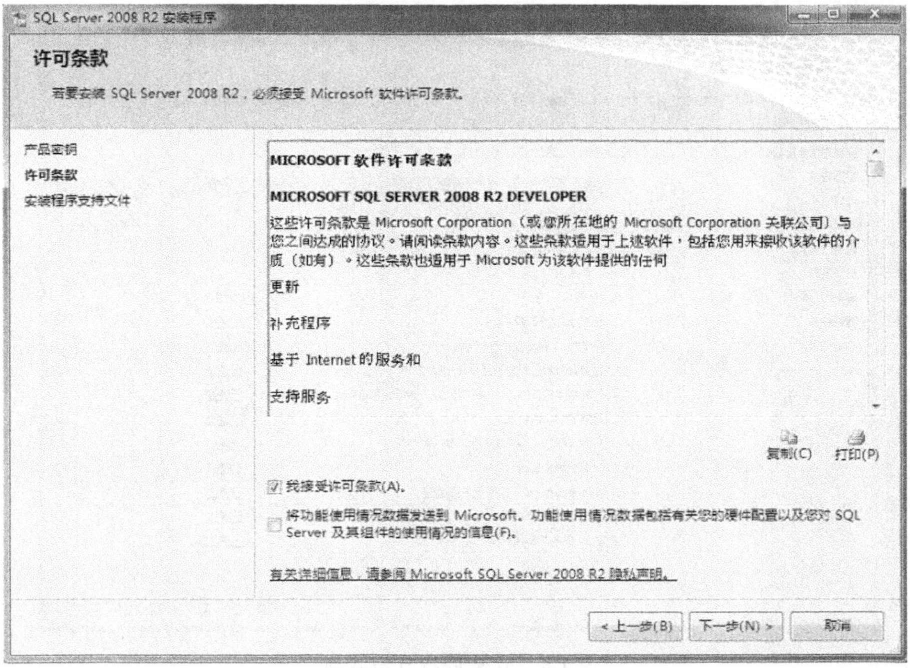

图 1.6　许可条款

选择"我接受许可条款"复选框，单击[下一步]按钮，进入安装程序支持文件界面，如图 1.7 所示。

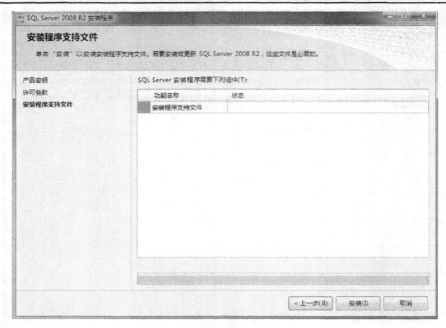

图 1.7 安装程序支持文件

单击[安装]按钮，进行程序支持文件的安装。完成程序支持文件安装后，可单击[查看详细报表]按钮查看详细报表，如图 1.8 所示。

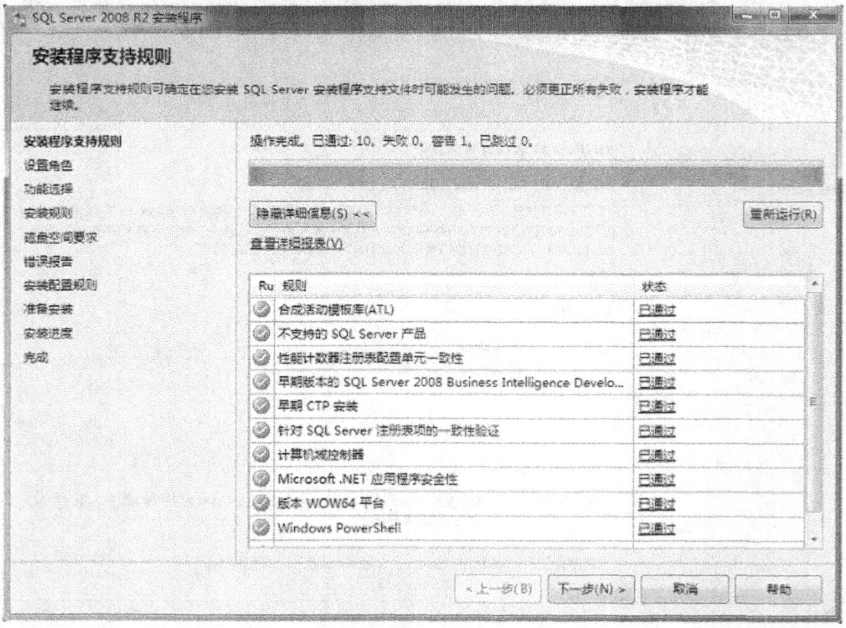

图 1.8 安装程序支持规则

查看详细报表，确认支持规则均检测通过后，单击[下一步]按钮，进入设置角色界面，如图 1.9 所示。

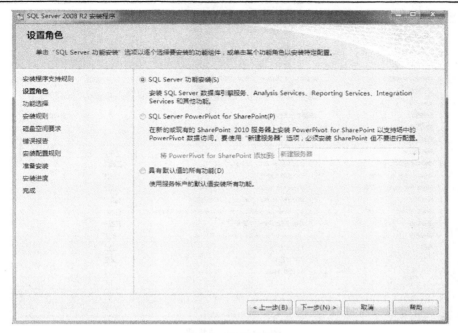

图 1.9　设置角色

选择"SQL Server 功能安装"单选框后，单击[下一步]按钮，进入功能选择界面，如图 1.10 所示。

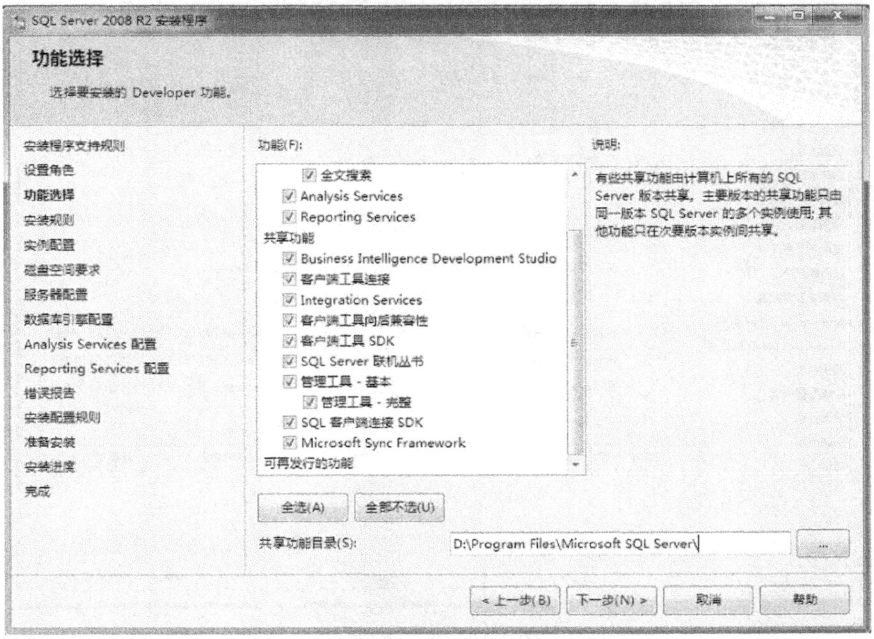

图 1.10　功能选择

通过复选框选择需要安装的功能项，在这里选择"全选"，并设置共享功能目录后，单击[下一步]按钮，进入安装规则界面，如图 1.11 所示。

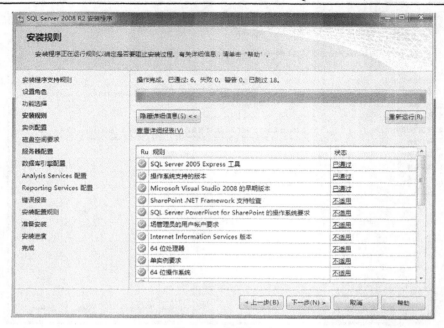

图 1.11　安装规则

查看安装规则详细信息，确认相关规则均已通过后，单击[下一步]按钮，进入实例配置界面，如图 1.12 所示。

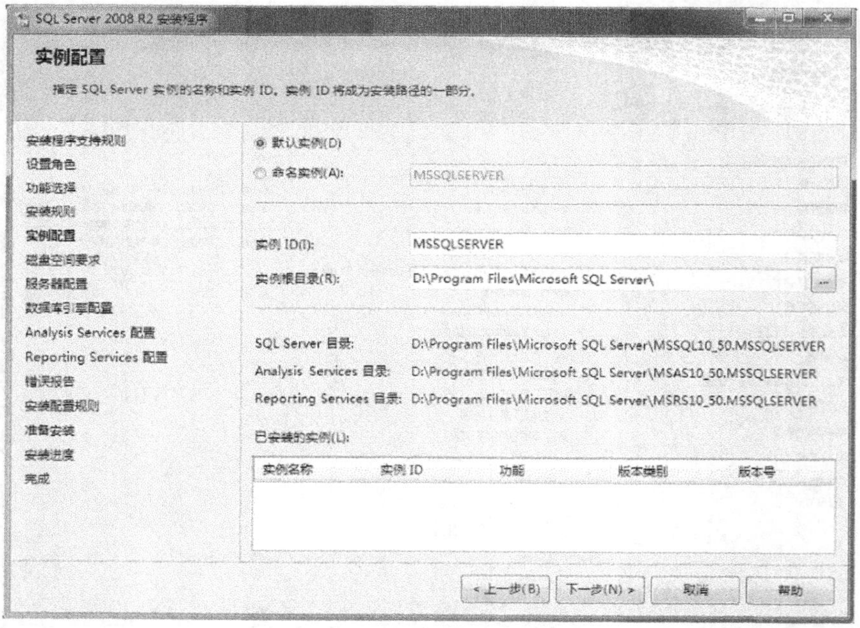

图 1.12　实例配置

对实例进行配置，直接选择"默认实例"单选框，并设置实例根目录，单击[下一步]按钮，进入磁盘空间要求界面，如图 1.13 所示。

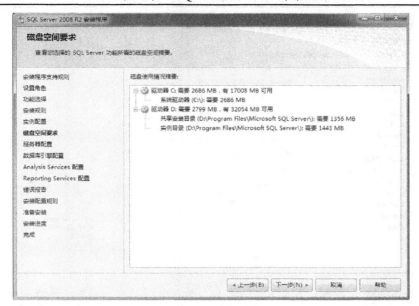

图 1.13　磁盘空间要求

在磁盘空间要求界面确认选择的 SQL Server 功能所需的磁盘空间，单击[下一步]按钮，进入服务器配置界面，如图 1.14 所示。

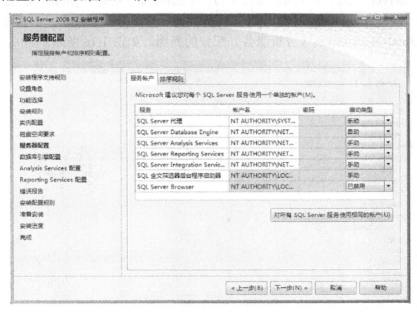

图 1.14　服务器配置

服务器配置界面中主要是进行服务启动账户的配置，SQL Server 代理服务的账户推荐使用 NT AUTHORITY\SYSTEM 系统账户，其他服务的账户可使用 NT AUTHORITY\NETWORK，并指定当前选择服务的启动类型。之后单击[下一步]按钮，进入数据库引擎配置界面，如图 1.15 所示。

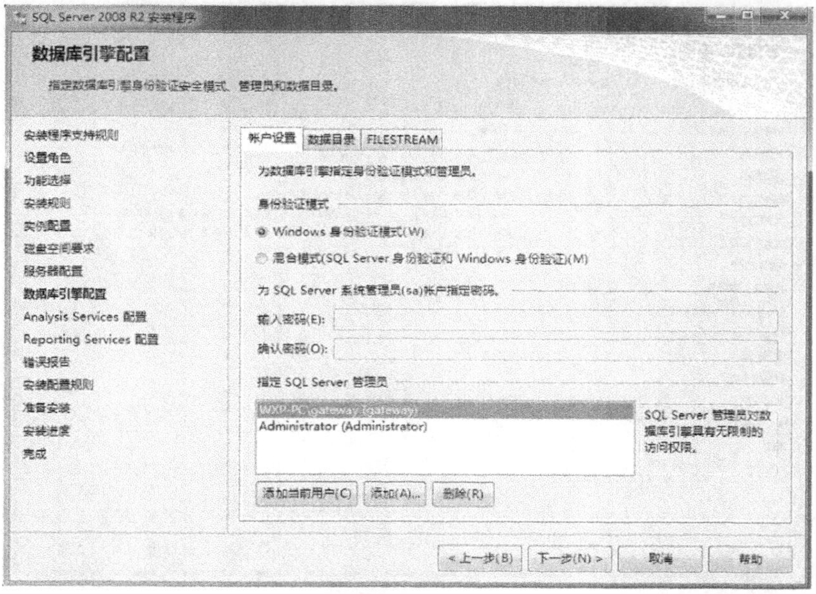

图 1.15　数据库引擎配置

　　在账户设置标签页中，通过单选框选择"Windows 身份验证模式"（或选择"混合模式"，并输入 SQL Server 系统管理员账户的密码），单击[添加当前用户]按钮，添加当前用户为 SQL Server 管理员，也可单击[添加]按钮，根据提示添加其他管理员；然后单击[下一步]按钮，进入 Analysis Services（分析服务）配置的界面，如图 1.16 所示。

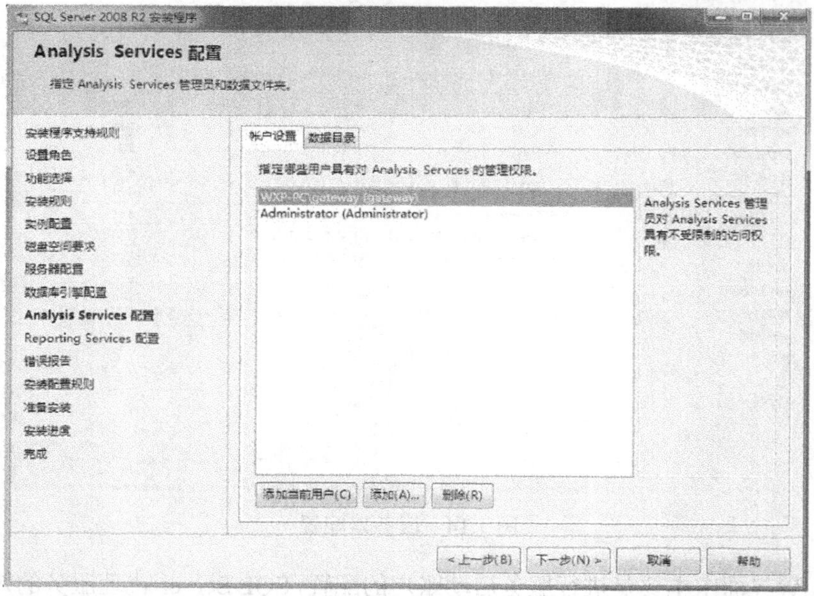

图 1.16　Analysis Services 配置

　　Analysis Services（分析服务）配置主要为商业智能解决方案提供联机分析处理（OLAP）和数据挖掘功能。采用与上一界面相同的方法，单击[添加当前用户]按钮或[添加]按钮添加管理员账户到相应的表框内。然后单击[下一步]按钮，进入 Reporting Services（报表服务）配置的界面，如图 1.17 所示。

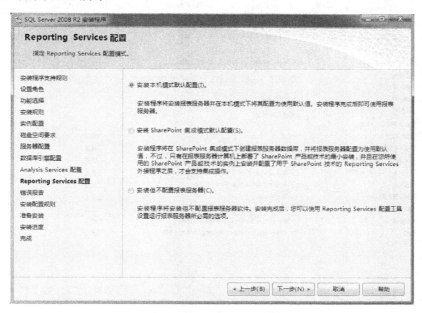

图 1.17　Reporting Services 配置

　　Reporting Services（报表服务）配置包含用于创建和发布报表及报表模型的图形工具和向导，用于管理 Reporting Services 的报表服务器管理工具，以及用于对 Reporting Services 对象模型进行编程和扩展的应用程序编程接口。选择"安装本机模式默认配置"单选框，单击[下一步]按钮，进入错误报告界面，如图 1.18 所示。

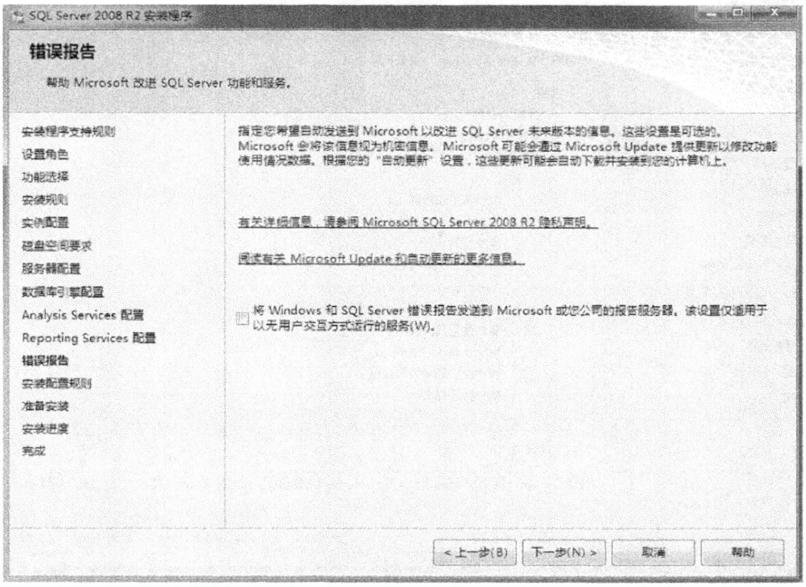

图 1.18　错误报告

确认错误报告无误，单击[下一步]按钮，进入安装配置规则界面，如图 1.19 所示。

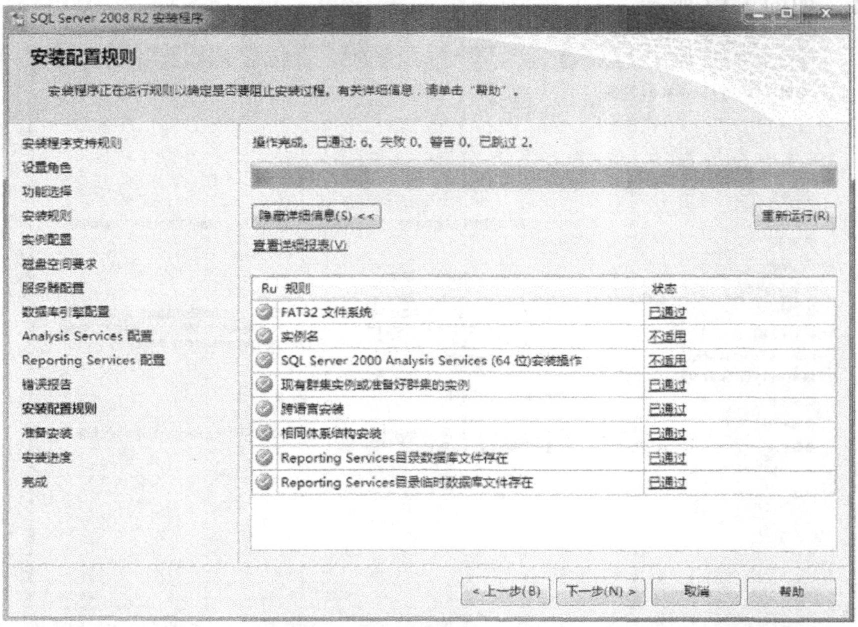

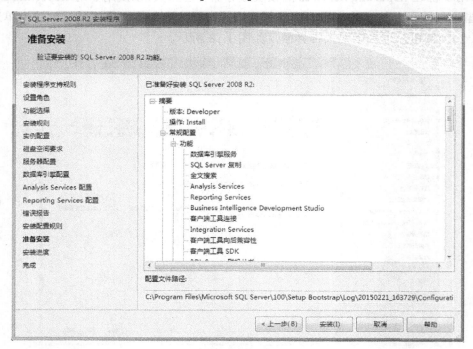

图 1.19　安装配置规则

安装程序会自动检测相应的运行规则，检测完成后生成报表，用户可单击[查看详细报表]按钮查看详细报表，确认无误后，单击[下一步]按钮，进入准备安装界面，如图 1.20 所示。

图 1.20　准备安装

确认安装信息无误后，单击[安装]按钮，进入安装进度的界面，如图 1.21 所示。

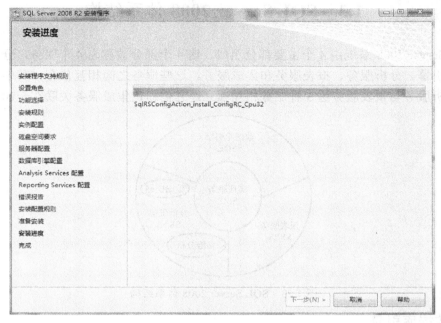

图 1.21　安装进度

安装进度完成后，所有功能安装成功，单击[下一步]按钮，进入完成界面，如图 1.22 所示。

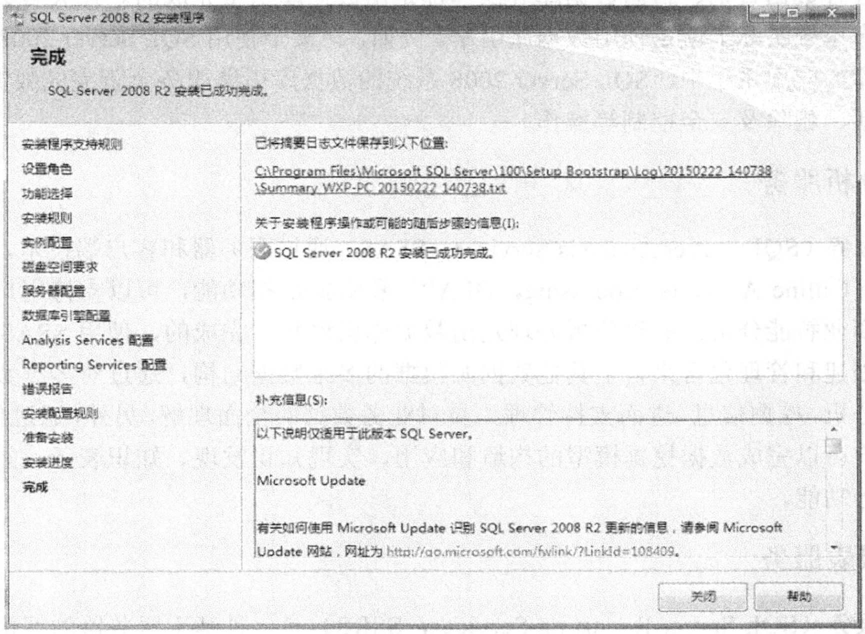

图 1.22　完成界面

确认 SQL Server 2008 安装成功后，单击[关闭]按钮，即可完成安装。

1.3   SQL Server 2008 体系结构

SQL Server 2008 系统由 4 个主要部分组成，这 4 个部分被称为 4 个服务，分别是上面的数据库引擎、分析服务、报表服务和集成服务。这些服务之间相互依存，其中，数据库引擎、分析服务与报表服务这 3 种服务相互独立，它们通过集成服务关联在一起。

图 1.23   SQL Server 2008 体系结构

1.3.1   数据库引擎

数据库引擎（SQL Server Database Engine，SSDE）是 SQL Server 2008 系统的核心服务，负责完成业务数据的存储、处理、查询和安全管理等操作。例如，创建数据库、创建表、执行各种数据查询、访问数据库等操作都是由数据库引擎完成的。在大多数情况下，使用数据库系统实际上就是使用数据库引擎。例如，在某个使用 SQL Server 2008 系统作为后台数据库的应用系统中，SQL Server 2008 系统的数据库引擎服务负责完成数据的添加、查询、更新、删除及安全控制等操作。

1.3.2   分析服务

分析服务（SQL Server Analysis Services，SSAS）通过服务器和客户端技术，提供联机分析处理（Online Analysis Processing，OLAP）和数据挖掘功能，可以支持用户建立数据库和进行商业智能分析。联机分析处理是由数据库引擎负责完成的，使用 SSAS 服务，可以设计、创建和管理包含来自于其他数据源数据的多维数据结构，通过对多维数据进行多个角度的分析，挖掘信息，进而支持管理人员对业务数据的全面理解。另外，通过使用 SSAS 服务，用户可以完成数据挖掘模型的构造和应用，实现知识发现、知识表示、知识管理和知识共享等功能。

1.3.3   报表服务

报表服务（SQL Server Reporting Services，SSRS）是一种基于服务器的解决方案，为用户提供支持 Web 的企业级的报表功能，用于生成从多数据源中提取内容的企业报表、发布能够以多种格式查看的报表，以及集中管理安全性和订阅。通过使用 SQL Server 2008

系统提供的 SSRS 服务，用户可以方便地定义和发布满足自己需求的报表。这种服务便利了企业的管理工作，满足了管理人员高效、规范的管理需求。

1.3.4　集成服务

集成服务（SQL Server Integration Services，SSIS）是一个数据集成平台，负责完成有关数据的提取、转换、加载等操作功能。对于分析服务来说，数据库引擎是一个重要的数据源，如何将数据源中的数据经过适当的处理加载到分析服务汇中，以便进行各种分析处理，是 SSIS 服务所要解决的问题。SSIS 服务可以高效地处理各种各样的数据源，除了 SQL Server 数据之外，还可以处理 Oracle、Excel、XML 文档、文本文件及其他数据源中的数据。

1.4　SQL Server 2008 管理工具

Microsoft SQL Server 2008 系统提供了大量的管理工具，通过这些管理工具，用户可以对系统进行快速、高效的管理。这些管理工具主要包括：SQL Server Management Studio、SQL Server Business Intelligence Development Studio、SQL Server Profiler、SQL Server Configuration Manager、Database Engine Tuning Advisor 及大量的命令行和实用工具。本节将介绍这些工具的主要作用及特点。

1.4.1　SQL Server Management Studio

SQL Server Management Studio（SQL Server 管理平台）是 SQL Server 2008 提供的新的数据库管理集成环境，该集成环境在 SQL Server 2005 版本就已经开始使用。SQL Server 2008 将服务器管理和业务对象创建功能合并到以下两个集成环境中：SQL Server Management Studio 和 SQL Server Business Intelligence Development Studio。这两个环境使用解决方案和项目来进行管理与组织，同时还提供了完全集成的源代码管理功能，能够与 Visual Studio 2008 集成。

如果要实现使用 SQL Server 数据库服务的解决方案，或者要管理并使用 SQL Server、Analysis Services、Integration Services 或 Reporting Services 的现有解决方案，应当使用 SQL Server Management Studio；如果要开发并使用 Analysis Services、Integration Services 或 Reporting Services 的解决方案，应当使用 SQL Server Business Intelligence Development Studio。

SQL Server Management Studio 将 SQL Server 2000 的企业管理器、查询分析器和服务管理器的各种功能组合到一个集成环境中，可用于访问、配置、控制、管理和开发 SQL Server 的所有工作。SQL Server Management Studio 组合了大量的图形工具和丰富的脚本编辑器，大大方便了技术人员和数据库管理员对 SQL Server 系统的各种访问，它是 SQL Server 2008 中最重要的管理工具组件。此外，SQL Server Management Studio 还提供了一种新环境，用于管理分析服务（Analysis Services）、集成服务（Integration Services）、报表服务（Reporting Services）和 XQuery。此环境为开发者提供了一个熟悉的体验环境，为数据库管理人员提供了一个单一的实用工具，使用户能够通过易用的图形工具和丰富的脚本完成任务。

　　SQL Server Management Studio 不仅能够配置系统环境和管理 SQL Server,而且由于它以层叠列表的形式来显示所有的 SQL Server 对象,因此所有 SQL Server 对象的建立与管理工作都可以通过它来完成。通过 SQL Server Management Studio 可以完成的操作有:管理 SQL Server 服务器;建立与管理数据库;建立与管理表、视图、存储过程、触发程序、角色、规则、默认值等数据库对象及用户定义的数据类型;备份数据库和事务日志、恢复数据库;复制数据库;设置任务调度;设置报警;提供跨服务器的拖放操作;管理用户账户;建立 T-SQL 命令语句。

　　要打开 SQL Server Management Studio,可以通过"开始"菜单,选择 Microsoft SQL Server 2008 程序组中的 SQL Server Management Studio 菜单项。

　　要使用 SQL Server Management Studio,首先必须在对话框中注册。在"服务器类型"、"服务器名称"、"身份验证"选项中分别输入或选择正确的信息(默认情况下不用选择,因为在安装时已经设置完毕),然后单击"连接"按钮即可登录到 SQL Server Management Studio,如图 1.24 所示。

图 1.24　SQL Server Management Studio 主界面

　　SQL Server Management Studio 的工具组件包括:已注册的服务器、对象资源管理器、解决方案资源管理器、模板资源管理器、摘要页。如果要显示某个工具,需要选择"视图"下拉菜单中相应的工具名称即可。

　　查询编辑器是 SQL Server 2000 版本中查询分析器的集成版,使用查询编辑器可以编写和执行 T-SQL 语句,并且可以在查询编辑器的下方迅速查看这些 T-SQL 语句的执行结果,以便分析和处理数据库中的数据。查询编辑器还支持彩色代码关键字、可视化地显示语法错误、允许开发人员运行和诊断代码等功能,是一个非常实用的工具。在 SQL Server Management Studio 工具栏中,单击工具栏左侧的"新建查询"按钮即可打开查询编辑器,如图 1.25 所示。可以在其中输入要执行的 T-SQL 语句,然后单击工具栏中的"执行"按钮,或按 Ctrl+E 组合键执行此 T-SQL 语句,查询结果将显示在查询编辑器下方的查询结果窗口中。

图 1.25　SQL Server Management Studio 查询编辑器

1.4.2　SQL Server Business Intelligence Development Studio

SQL Server Business Intelligence Development Studio（SQL Server 商业智能开发平台）是一个集成开发环境，如图 1.26 所示，用于开发商业智能应用程序（如多维数据集、数据源、报告和 Integration Services 软件包）。SQL Server Business Intelligence Development Studio 包含一些项目模板，这些模板可供开发特定构造的上、下文。

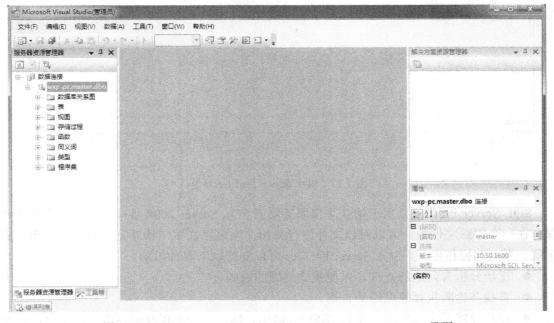

图 1.26　SQL Server Business Intelligence Development Studio 界面

在 SQL Server Business Intelligence Development Studio 中开发项目时，可将项目作为某个解决方案的一部分进行开发，而该解决方案独立于具体的服务器。例如，可以在同一个解决方案中包括 Analysis Services 项目、Integration Services 项目和 Reporting Services 项目。在开发过程中，可以将对象部署到测试服务器中进行测试，然后将项目的输出结果部署到一个或多个临时服务器或生产服务器上。

1.4.3　SQL Server Profiler

SQL Server Profiler（SQL Server 分析器）是一个图形化的管理工具，用于监督、记录和检查 SQL Server 2008 数据库的使用情况。对于系统管理员来说，它是一个连续、实时地捕捉用户活动情况的监视器。

可以通过多种方法来启动 SQL Server Profiler，以支持在各种情况下收集跟踪输出。例如，可以通过"开始"菜单启动 SQL Server Profiler。SQL Server Profiler 启动以后，在菜单栏中选择"文件"→"新建跟踪"命令，可打开"跟踪属性"窗口，如图 1.27 所示。

在 SQL Server Profiler 的"常规"选项卡中，可以设置跟踪名称和跟踪提供程序名称、类型、所使用的模板、保存的位置，以及是否启用跟踪停止时间等。在"事件选择"选项卡中，可以设置需要跟踪的事件和事件列。

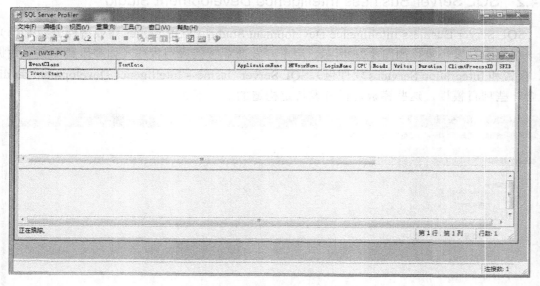

图 1.27　SQL Server Profiler 界面

SQL Server Profiler 是用于捕获来自服务器的 SQL Server 2008 事件的工具，这些事件保存在一个跟踪文件中，可以对该文件进行分析，也可以在试图诊断某个问题时，用它来重现一系列的操作步骤。SQL Server Profiler 可以支持以下多种活动。

- 逐步分析有问题的查询，以便找到问题的原因。
- 查找并诊断执行速度慢的查询。
- 捕获导致某个问题的一系列 T-SQL 语句，然后利用所保存的跟踪，在某台测试服务器上复制此问题，然后在该测试服务器上诊断问题。

● 监视 SQL Server 的性能，以便优化工作负荷。

● 使性能计数器与诊断问题关联。

SQL Server Profiler 还支持对 SQL Server 实例上执行的操作进行审核。审核将记录与安全相关的操作，方便安全管理员以后复查。

1.4.4　SQL Server Configuration Manager

SQL Server Configuration Manager（SQL Server 配置管理器）用于管理与 SQL Server 相关联的服务、配置 SQL Server 使用的网络协议，以及从 SQL Server 客户端计算机管理网络连接配置。可以通过"开始"菜单来启动 SQL Server Configuration Manager，如图 1.28 所示。

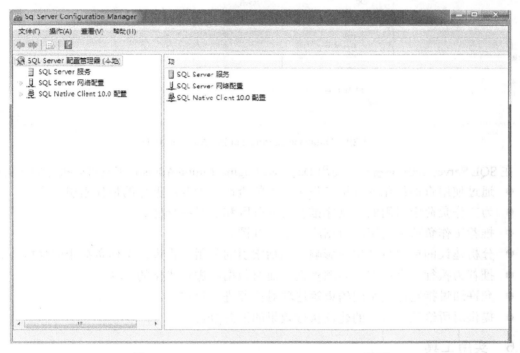

图 1.28　SQL Server Configuration Manager 界面

SQL Server 配置管理器是一个 Microsoft 管理控制台管理单元，它集成了以下工具的功能：服务器网络实用工具、客户端网络实用工具和服务管理器。通过选择菜单栏中的"控制面板"→"管理工具"→"计算机管理"命令，可以实现对 SQL Server Configuration Manager 的操作。

1.4.5　Database Engine Tuning Advisor

Database Engine Tuning Advisor（数据库引擎优化顾问）工具可以帮助用户分析工作负荷、提出创建高效率索引的建议等。借助于数据库引擎优化顾问，用户不必详细地了解数据库的结构，就可以选择和创建最佳的索引、索引视图、分区等。Database Engine Tuning Advisor 的界面如图 1.29 所示。

图 1.29　Database Engine Tuning Advisor 界面

在 SQL Server 2008 系统中，使用 Database Engine Tuning Advisor 工具可以执行如下操作。

- 通过使用查询优化器分析工作负荷中的查询，推荐数据库的最佳索引组合。
- 为工作负荷中引用的数据库推荐对齐分区和非对齐分区。
- 推荐工作负荷中引用的数据库的索引视图。
- 分析建议的更改将产生的影响，包括索引的使用、查询在工作负荷中的性能等。
- 推荐为执行一个小型的问题查询集而对数据库进行优化的方法。
- 允许通过指定磁盘空间约束等选项对推荐进行自定义。
- 提供对所给工作负荷的建议执行效果的汇总报告。

1.4.6　实用工具

SQL Server 2008 系统不仅提供了大量的图形化工具，而且还提供了大量的命令行实用工具。通过这些命令，可以与 SQL Server 2008 进行交互，但不能在图形界面下运行，只能在 Windows 命令提示符下输入命令及参数执行。这些命令行实用工具包括：bcp、dta、dtexec、dtutil、nscontrol、osql、rs、rsconfig、rskeymgmt、sac、sqlcmd、sqlmaint、sqlservr、sqlwb、tablediff 等，具体功能如下。

- bcp实用工具可以在 SQL Server 2008 实例和用户指定格式的数据文件之间进行数据复制。
- dta实用工具是数据库引擎优化顾问的命令提示符版本。通过该工具，用户可以在应用程序和脚本中使用数据库引擎优化顾问功能，从而扩大了数据库引擎优化顾问的作用范围。
- dtexec 实用工具用于配置和执行 SQL Server 2008 Integration Services（SSIS）包。

使用 dtexec 可以访问所有 SSIS 包的配置信息和执行功能，这些信息包括连接、属性、变量、日志、进度指示等。

- dtutil 实用工具主要用于管理 SSIS 包，这些管理操作包括验证包的存在性，以及对包进行复制、移动、删除等操作。

- nscontrol 实用工具与 SQL Server 2008 Notification Services 服务有关，用于管理、部署、配置、监视和控制通知服务，并提供了创建、删除、使能、修复和注册等与通知服务相关的命令。

- osql 实用工具可用来输入和执行 T-SQL 语句、系统过程、脚本文件等。该工具通过 ODBC 与服务器进行通信，实际上，在 Microsoft SQL Server 2008 系统中，sqlcmd 实用工具可以代替 osql 实用工具。

- rs 实用工具与 SQL Server 2008 Reporting Services 服务有关，用于管理和运行报表服务器的脚本。

- rsconfig 实用工具也是与报表服务相关的工具，可用来对报表服务连接进行管理。

- rskeymgmt 实用工具也是与报表服务相关的工具，可用来提取、还原、创建、删除对称密钥。

- sac 实用工具与 SQL Server 2008 外围应用设置相关，可用来导入、导出这些外围应用设置，方便了多台计算机上的外围应用设置。

- sqlcmd 实用工具可以在命令提示符下输入 T-SQL 语句、系统过程和脚本文件。实际上，该工具是作为 osql 实用工具和 isql 实用工具的替代工具而新增的，它通过 OLE DB 与服务器进行通信。

- sqlmaint 实用工具可以执行一组指定的数据库维护操作，这些操作包括 DBCC 检查、数据库备份、事务日志备份、更新统计信息、重建索引并且生成报表，以及把这些报表发送到指定的文件或电子邮件账户。

- sqlservr 实用工具的作用是在命令提示符下启动、停止、暂停、继续 Microsoft SQL Server 的实例。

- sqlwb 实用工具可以在命令提示符下打开 SQL Server Management Studio，并且可以与服务器建立连接，打开查询、脚本、文件、项目、解决方案等。

- tablediff 实用工具用于比较两个表中的数据是否一致，对于排除复制过程中出现的故障非常有用。

第 2 章 SQL Server 2008 数据库开发环境

2.1 启动 SQL Server 服务

通过 SQL Server Configuration Manager（SQL Server 配置管理器）启动 SQL Server 2008 服务的步骤如下。

依次选择"开始"→"所有程序"→Microsoft SQL Server 2008→"配置工具"→"SQL Server 配置管理器"命令，打开 SQL Server Configuration Manager 管理工具。

选择 SQL Server Configuration Manager 界面中左边树形结构下的"SQL Server 服务"，这时右边将显示 SQL Server 中的服务。

在 SQL Server Configuration Manager 管理工具右边列出的 SQL Server 服务中选择需要启动的服务，单击鼠标右键，在弹出的快捷菜单中选择"启动"命令，启动所选中的服务，如图 2.1 所示。

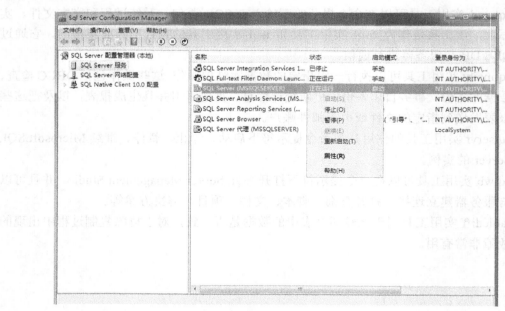

图 2.1 启动 SQL Server 服务

2.2 创建/注册 SQL Server 2008 服务器

创建服务器组可以将众多已注册的服务器进行分组化的管理。而通过注册服务器，可以存储服务器连接的信息，以便在连接该服务器时使用。

2.2.1 服务器组的创建与删除

1．创建服务器组

使用 SQL Server 2008 创建服务器组的步骤如下。

依次选择"开始"→"所有程序"→Microsoft SQL Server 2008→SQL Server Management Studio 命令，打开 SQL Server Management Studio 工具。

单击"连接到服务器"对话框中的"取消"按钮，进入 SQL Server Management Studio 主界面。

在 SQL Server Management Studio 菜单栏中依次选择"查看"→"已注册的服务器"命令，将"已注册的服务器"面板添加到 SQL Server Management Studio 中。

在"已注册的服务器"面板中选择服务器后，在显示服务器区域选择"本地服务器组"，单击鼠标右键，在弹出的快捷菜单中选择"新建服务器组"命令，如图 2.2 所示。

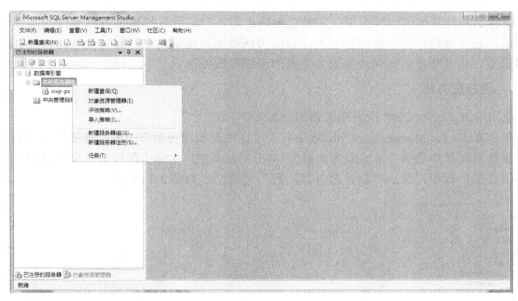

图 2.2　新建服务器组

在弹出的"新建服务器组属性"对话框中的"组名"文本框中输入要创建服务器组的名称；在"组说明"文本框中输入关于创建的服务器组的简要说明，如图 2.3 所示。信息输入完毕后，单击"确定"按钮，即可完成服务器组的创建。一般情况下，也可以不创建新的服务器组，而直接使用已有的本地服务器组。

2．删除服务器组

使用 SQL Server 2008 删除服务器组的步骤如下。

在 SQL Server Management Studio 中打开"已注册的服务器"面板，在显示服务器区域中选择需要删除的服务器组，单击鼠标右键，在弹出的菜单中选择"删除"命令，在弹出的"确认删除"提示框中单击"是"按钮，即可完成服务器组的删除。

注意：在删除服务器组的同时，也会将该组内所注册的服务器一并删除。

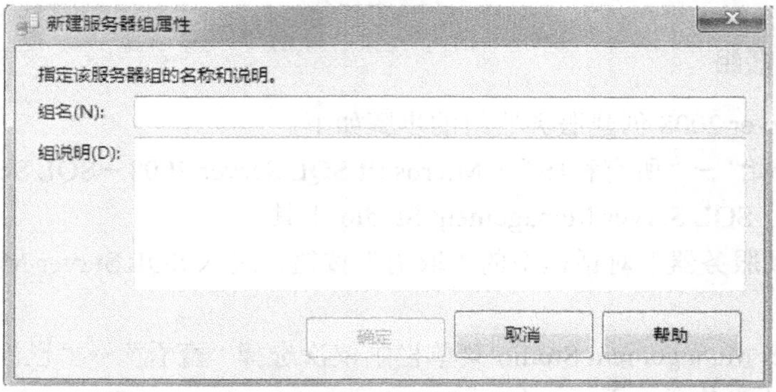

图 2.3　新建服务器组属性

2.2.2　服务器的注册与删除

服务器是计算机的一种类型，它是在网络上为客户端计算机提供各种服务的高性能的计算机，它在网络操作系统的控制下，也能为网络用户提供集中计算、信息发布及数据管理等服务。本节将讲解如何注册服务器及如何删除服务器。

1．注册服务器

使用 SQL Server 2008 注册服务器的步骤如下。

在 SQL Server Management Studio 中打开"已注册的服务器"面板，选择服务器后，在显示服务器区域中选择"本地服务器组"，单击鼠标右键，在弹出的快捷菜单中选择"新建服务器注册"命令，弹出"新建服务器注册"对话框，如图 2.4 所示。

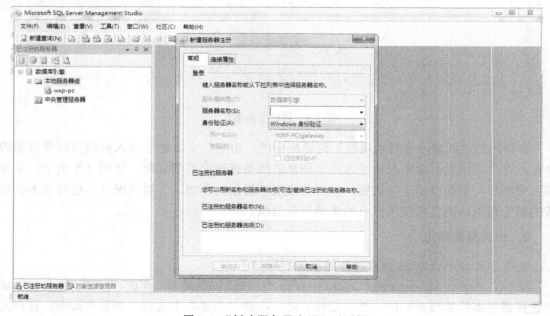

图 2.4　"新建服务器注册"对话框

该对话框中有"常规"与"连接属性"两个选项卡。"常规"选项卡中包括：服务器类型、服务器名称、登录时身份验证的方式、登录所用的用户名、密码、已注册的服务器名称、已注册的服务器说明等设置信息。

"连接属性"选项卡中包括：所要连接到服务器中的数据库、连接服务器时使用的网络协议、发送的网络数据包的大小、连接时等待建立连接的超时秒数、连接后等待任务执行的超时秒数等设置信息。

设置完成这些信息后，单击"测试"按钮，测试与所注册服务器的连接。如果成功连接，则弹出提示框。在提示框中单击"确定"按钮后，在弹出的"新建服务器注册"对话框中单击"保存"按钮，即可完成服务器的注册。

2．删除服务器

使用 SQL Server 2008 删除服务器的步骤如下。

在 SQL Server Management Studio 的"已注册的服务器"面板中，选择需要删除的服务器，单击鼠标右键，在弹出的菜单中选择"删除"命令，在弹出的"确认删除"提示框中单击"是"按钮，即可完成注册服务器的删除。

2.3　SQL Server 数据库与数据库对象

2.3.1　SQL Server 数据库

在 SQL Server 2008 中，数据库是表、视图、存储过程、触发器等数据库对象的集合，是数据库管理系统的核心内容。

SQL Server 2008 数据库主要由文件和文件组组成。数据库中的所有数据和对象（如表、存储过程和触发器）都被存储在文件中。

（1）文件

SQL Server 2008 的文件主要分为以下三种类型。

主数据文件：简称主文件，用于存放数据和数据库的初始化信息。每个数据库有且只有一个主数据文件，默认扩展名是.mdf。

辅助数据文件：简称辅（助）文件，用于存放未包括在主要数据文件内的所有数据文件。有些数据库可能没有辅助数据文件，也可能有多个辅助数据文件，默认扩展名是.ndf。

事务日志文件：用于存放用于恢复数据库所需的所有事务日志信息。每个数据库至少有一个事务日志文件，也可以有多个事务日志文件，默认扩展名是.ldf。

注意：SQL Server 2008 不强制使用.mdf、.ndf 和.ldf 文件扩展名，但使用这些扩展名可以帮助标识文件类型。

（2）文件组

文件组是 SQL Server 2008 数据文件的一种逻辑管理单位，它将数据库文件分成不同的组，便于对文件的分配和管理，有助于提高表中数据的查询性能。

文件组主要分为以下两种类型。

主文件组：包含主要数据文件和任何没有明确指派给其他文件组的文件。数据库系统表的所有页都分配在主文件组中。

用户定义文件组：主要是在 CREATE DATABASE 或 ALTER DATABASE 语句中，使用 FILEGROUP 关键字指定文件组。

说明：每个数据库中都有一个文件组作为默认文件组运行，在创建表、索引等数据库对象时，如果没有为其指定文件组，则将在默认文件组中进行存储页、查询等操作。在没有指定默认文件组的情况下，主文件组即作为默认文件组。

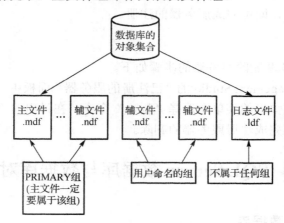

图 2.5　数据库文件存储结构

对文件进行分组时，需遵循文件和文件组的设计规则：

● 文件只能是一个文件组的成员；
● 文件或文件组不能由一个以上的数据库使用；
● 数据和事务日志信息不能属于同一文件或文件组；
● 日志文件不能作为文件组的一部分，日志空间与数据空间分开管理。

注意：系统管理员在进行备份操作时，可以备份或恢复个别的文件或文件组，而不用备份或恢复整个数据库。

2.3.2　SQL Server 数据库对象

数据库对象是指存储、管理和使用数据的不同结构形式。在 SQL Server 2008 数据库中，表、索引、视图、存储过程和触发器等具体存储数据或对数据进行操作的实体都被称为数据库对象。下面介绍几种常用的数据库对象。

（1）表

表是包含数据库中所有数据的数据库对象，由行和列组成，因此也称为二维表，用于组织和存储数据。

（2）字段

表中的每一列称为一个字段（属性）。字段具有自己的属性，如字段类型、字段大小等，其中，字段类型是字段最重要的属性，它决定了字段能够存储哪种数据。SQL Server 规范支持 5 种基本字段类型：字符型、文本型、数值型、逻辑型和日期时间型。

（3）记录

表中的每一行称为一条记录。每条记录都拥有自己的属性值，在一张表中，每条记录都是可区分的，也就是说，任意两条记录的属性值都不可能完全相同。

（4）索引

索引（Index）是一个单独的、物理的数据库结构。它是依赖于表建立的，在数据库中，索引使得数据库程序无须对整个表进行扫描，就可以在其中找到所需的数据。索引是对表中的一列或多列数据进行排序的结构。

（5）视图

视图（View）是从一张或多张表中导出的表（也称虚拟表），是用户查看数据表中数据的一种方式。表中包括几个被定义的数据列与数据行，其结构和数据建立在对表查询的基础之上。在数据库中只存放视图的定义，而不存放视图的数据，这些数据仍存放在导出视图的基本表中。

（6）存储过程

存储过程（Stored Procedure）是一组完成特定功能的 SQL 语句集合（包含查询、插入、删除和更新等操作），经编译后以名称的形式存储在 SQL Server 服务器端的数据库中，由用户通过指定存储过程的名字来执行。当这个存储过程被调用执行时，这些操作也会同时执行。存储过程独立于表存在。

（7）触发器

触发器（Trigger）是 SQL Server 提供给程序员和数据分析员来保证数据完整性的一种方法，它是与事件相关的特殊的存储过程，它的执行不是由程序调用，也不是手工启动，而是由事件来触发的，比如当对一个表进行操作时，就会激活它并执行。触发器与表紧密关联，常用于加强数据的完整性约束和业务规则，它可以实现复杂的数据操作，也可以有效地保证数据的完整性和一致性。

2.3.3　SQL Server 2008 系统数据库

（1）master 数据库：包含了 SQL Server 2008 的登录账号、系统配置、数据库位置及数据库错误信息等，控制用户数据库和 SQL Server 的运行。

（2）model 数据库：为新创建的数据库提供模板。

（3）msdb 数据库：为"SQL Server 代理"调度信息和作业记录提供存储空间。

（4）tempdb 数据库：为临时表和临时存储过程提供存储空间，所有与系统连接的用户的临时表和临时存储过程都存储于该数据库中。

（5）Report Server 数据库：用于存储 SSRS 配置部分、报告定义、报告元数据、报告历史、缓存策略、快照、资源、安全设置、加密的数据、调度和提交数据，以及扩展信息。可将 Report Server 数据库当作产品数据库之一来对待。

（6）Report Server TempDB 数据库：SSRS 使用的另一个数据库，负责存储中间处理产品，如缓冲的报告、会话和执行数据等。Report Server 能够周期性地清除 Report Server TempDB 中的到期的和孤立的数据。在任何时间，所有的 Report Server TempDB 中的数据都能够被以最小影响删除掉。

2.4　实验 1——SQL Server 2008 数据库开发环境

2.4.1　实验目的

1．掌握 SQL Server 2008 的安装过程；
2．掌握 SQL Server Management Studio 的基本使用方法；
3．掌握查询编辑器的基本使用方法；
4．基本了解 SQL Server 数据库及其对象。

2.4.2　实验准备

1．了解 SQL Server 2008 的各个版本；
2．了解 SQL Server 2008 的安装步骤、注意事项；
3．了解 SQL Server 2008 的两种身份验证模式；
4．了解 SQL Server 2008 各个组件的主要功能；
5．对数据库、表和数据库对象有基本的了解；
6．基本了解 SQL Server Management Studio 的功能。

2.4.3　实验内容

1．利用 SSMS 访问系统自带的 Report Server 数据库。
（1）在 SMSS 对象资源管理器的树形目录中展开数据库，找到 Report Server 数据库并展开，列出该数据库的所有对象，如表、视图、存储过程、默认和规则等；
（2）在 SMSS 对象资源管理器中选中"表"，将列出 Report Server 数据库的所有表（包括系统表和用户表），以用户表 dbo.roles 为例，选中该表，单击鼠标右键，弹出快捷菜单，选择"编辑前 200 行"命令，打开该表，查看其数据内容。
2．熟悉了解 SMSS 对象资源管理器树形菜单相关选择项的功能。
（1）右键单击数据库 Report Server，查看并使用相关功能；
（2）选择数据库 Report Server 的下级节点，逐一查看各项，并尝试使用；
（3）选择安全性下拉菜单，尝试自己创建一个登录、角色；
（4）尝试树形菜单的其他选项。
3．利用查询编辑器访问 Report Server 数据库的表。
（1）尝试新建查询连接访问数据库服务器；
（2）尝试执行简单的 SQL 语句，查看执行结果。

第3章 创建数据库和表

3.1 创建数据库

在 SQL Server 2008 中，数据库主要用来存储数据及数据库对象（如表、索引等）。本节将主要介绍如何创建、修改和删除数据库。

3.1.1 创建数据库

在 SQL Server 创建用户数据库之前，用户必须设计好数据库的名称、它的所有者、空间大小、存储信息的文件和文件组。

1. 以界面方式创建数据库

下面在 SQL Server Management Studio 中创建数据库 Student_info，具体操作步骤如下。

启动 SQL Server Management Studio，并连接到 SQL Server 2008 中的数据库。

鼠标右键单击"数据库"选项，在弹出的快捷菜单中选择"新建数据库"命令，如图 3.1 所示。

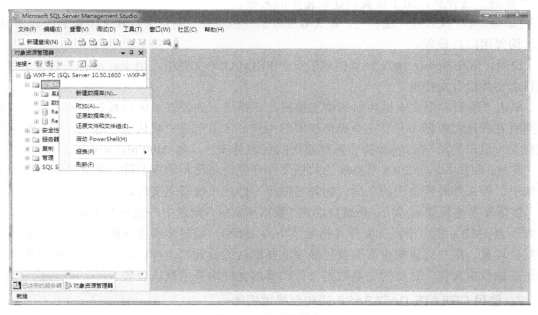

图 3.1 新建数据库

进入"新建数据库"对话框，如图 3.2 所示。在"数据库名称"文本框中输入数据库名 Student_info，单击"确定"按钮，添加数据库成功。

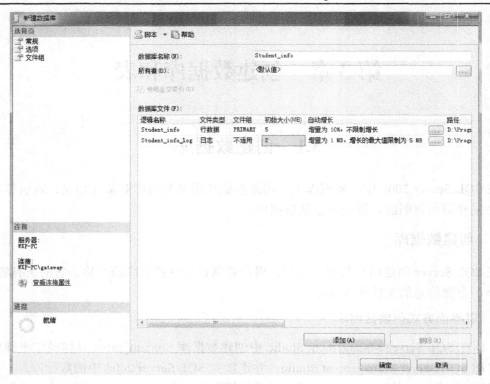

图 3.2 "新建数据库"对话框

"常规"选择页：用于设置新建数据库的名称。

"选项"和"文件组"选择页：定义数据库的一些选项，显示文件和文件组的统计信息。这里均采用默认设置。

说明：SQL Server 2008 默认创建了一个 PRIMARY 文件组，用于存放若干数据文件。但日志文件没有文件组。

单击"所有者"文本框后面的浏览按钮，在弹出的列表框中选择数据库的所有者。数据库所有者是对数据库具有完全操作权限的用户，这里选择"默认值"选项，表示数据库所有者为用户登录 Windows 操作系统使用的管理员账户，如 Administrator/sa。

注意：SQL Server 2008 数据库的数据文件分逻辑名称和物理名称。逻辑名称是在 SQL 语句中引用文件时所使用的名称；物理名称用于操作系统管理文件。

数据库名称设置完成后，系统自动在"数据库文件"列表中产生一个主要数据文件（初始大小为 5MB）和一个日志文件（初始大小为 2MB），同时显示文件组、自动增长和路径等默认设置。用户可以根据需要自行修改这些默认的设置，也可以单击右下角的"添加"按钮添加数据文件。这里的主要数据文件和日志文件均采用默认设置。

2. 使用 CREATE DATABASE 语句创建数据库

在查询编辑器中，可通过输入 T-SQL 语句创建数据库，T-SQL 创建数据库的命令为 CREATE DATABASE。方法如下：

（1）在 SSMS 工具栏中单击"新建查询"按钮，新建一个查询编辑器窗口；

（2）在窗口中输入 CREATE DATABASE 命令；

（3）单击工具栏中的"执行"按钮执行以上命令，如果成功执行，则在查询编辑器下方会出现提示"命令已成功完成"的消息。在对象资源管理器中刷新"数据库"节点，即可显示新创建的数据库节点。

T-SQL 语句中的 CREATE DATABASE 命令语法格式如下：

```
CREATE DATABASE database_name
[ON
  [<filespec>[,...n]]
  [,<filegroup>[,...n]]
]
[LOG ON{<filespec>[,...n]}]
[COLLATE collation_name]
[FOR LOAD|FOR ATTACH]
<filespec>::=
[PRIMATR]
([NAME=logical_file_name,]
  FILENAME='os_file_name'
  [,SIZE=size]
  [,MAXSIZE={max_size|UNLIMITED}]
  [FILEGROWTH=growth_increment] )[,...n]
<filegroup>::=
FILEGROUP filegroup_name<filespec>[,...n]
```

参数说明如下。

database_name：新数据库的名称。数据库名称在 SQL Server 的实例中必须唯一，并且必须符合标识符规则。

ON：指定显式定义用来存储数据库数据部分的磁盘文件（数据文件）。当后面是以逗号分隔的、用以定义主文件组的数据文件的<filespec>项列表时，需要使用 ON。主文件组的文件列表后可跟以逗号分隔的、用以定义用户文件组及其文件的<filegroup>项列表（可选）。

LOG ON：指定显式定义用来存储数据库日志的磁盘文件（日志文件）。LOG ON 后跟以逗号分隔的、用以定义日志文件的<filespec>项列表。如果没有指定 LOG ON，将自动创建一个日志文件，其大小为该数据库的所有数据文件大小总和的 25%或 512KB，取两者之中的较大者。不能对数据库快照指定 LOG ON。

COLLATE：指明数据库使用的校验方式。collation_name 可以是 Windows 校验方式名称，也可以是 SQL 校验方式名称。如果省略此子句，则数据库使用当前的 SQL Server 校验方式。

FOR LOAD：此选项是为了与 SQL Server 7.0 以前的版本兼容而设定的，读者可以不用关心。RESTORE 命令可以更好地实现此功能。

FOR ATTACH：用于附加已经存在的数据库文件到新的数据库中，而不用重新创建数据库文件。使用此命令必须指定主文件，被附加的数据库文件的代码页（Code Page）和排序次序（Sort Order）必须与目前 SQL Server 所使用的一致，建议使用 sp_attach_db 系统存储过程来代替此命令。CREATE DATABASE FOR ATTACH 命令只有在指定的文件数目超过 16 个时才必须使用。

NAME：指定文件在 SQL Server 中的逻辑名称。当使用 FOR ATTACH 选项时，就无须使用 NAME 选项了。

FILENAME：指定文件在操作系统中存储的路径和文件名称。

SIZE：指定数据库的初始容量大小。如果没有指定主文件的大小，则 SQL Server 默认其与模板数据库中的主文件大小一致，其他数据库文件和事务日志文件则默认为 1MB。指定大小的数字 SIZE 可以使用 KB、MB、GB 和 TB 作为单位，默认的单位是 MB。SIZE 中不能使用小数，其最小值为 512KB，默认值是 1MB。主文件的 SIZE 不能小于模板数据库中的主文件。

MAXSIZE：指定文件的最大容量。如果没有指定 MAXSIZE，则文件可以不断增长，直到充满磁盘。

UNLIMITED：指明文件无容量限制。

FILEGROWTH：指定文件每次增容时增加的容量大小。增加量可以用以 KB、MB 为单位的字节数，或以%为后缀，表示被增容文件的百分比。默认单位为 MB。如果没有指定 FILEGROWTH，则默认值为 10%，每次扩容的最小值为 64KB。

【例 3.1】　在数据库中，使用 CREATE DATABASE 命令创建名为 Student_Info 的数据库。其中，主数据文件名称是 Student_Info_data.mdf，初始大小是 5MB，最大存储空间无限制，增长大小是 10%。而日志文件名称是 Student_Info_log.ldf，初始大小是 2MB，最大的存储空间是 5MB，增长大小是 1MB。

```
create database Student_Info
on
(name=Student_Info_data,
filename='D:\Program Files\Microsoft SQL Server\……\Student_Info_data.mdf',
size=5MB,
maxsize=UNLIMITED,
filegrowth=10%)
log on
(name='Student_Info_log',
filename='D:\Program Files\Microsoft SQL Server\……\Student_Info_log.ldf',
size=2MB,
maxsize=5MB,
filegrowth=1MB)
```

3.1.2　查看和修改数据库

在 SQL Server 2008 系统中，创建数据库后，用户在使用过程中可能需要根据具体情况使用存储过程、函数等数据库对象查看或修改数据库的原始定义或基本信息，或者使用图形化界面对数据库进行查看和修改。修改的内容主要包括以下几项：

● 更改数据库文件；
● 添加和删除文件组；

- 更改选项；
- 更改跟踪；
- 更改权限；
- 更改扩展属性；
- 更改镜像；
- 更改事务日志传送。

1. 以 SSMS 图形界面方式查看和修改数据库

启动 SQL Server Management Studio，并连接到 SQL Server 2008 中的数据库，在"对象资源管理器"中展开"数据库"节点。

鼠标右键单击需要更改的数据库节点，在弹出的快捷菜单中选择"属性"命令。

进入"数据库属性"对话框，通过该对话框可以查看或修改数据库的相关选项。

单击"数据库属性"对话框中的"常规"选择页，可以查看数据库的基本信息，包括上次备份日期、名称、状态、所有者等。

单击"数据库属性"对话框中的"文件"选择页，可以查看和修改数据库的所有者、数据库文件的名称、大小、增长方式等信息。如要修改数据库所有者，可单击"所有者"后的浏览按钮，弹出"选择数据库所有者"对话框；单击对话框中的"浏览"按钮，弹出"查找对象"对话框，通过该对话框选择匹配对象；在"匹配的对象"列表框中选择数据库的所有者 sa 选项，单击"确定"按钮，完成数据库所有者的更改操作，如图 3.3 所示。

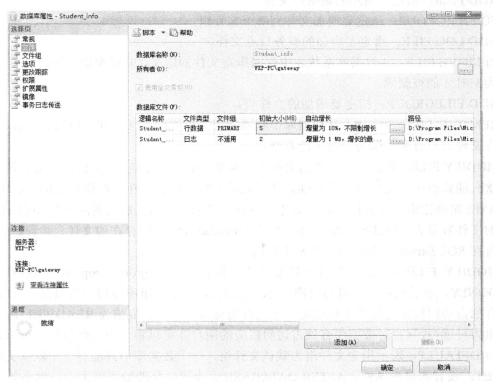

图 3.3 "数据库属性"对话框

单击"数据库属性"对话框中的其他选择页，可以查看数据库的其他信息，如文件组、选项、跟踪、权限等。

2. 使用 ALTER DATABASE 语句修改数据库

也可通过在查询编辑器中输入、运行 ALTER DATABASE 命令来修改数据库的基本属性，如添加或删除数据文件、日志文件或文件组；更改文件的大小和增长方式等。

T-SQL 中 ALTER DATABASE 命令的语法格式如下：

```
ALTER DATABASE database_name
{ADD FILE<filespec>[,...n][TO FILEGROUP filegroup_name]
|ADD LOG FILE<filespec>[,...n]
|REMOVE FILE logical_file_name
|ADD FILEGROUP filegroup_name
|REMOVE FILEGROUP filegroup_name
|MODIFY FILE<filespec>
|MODIFY NAME=new_dbname
|MODIFY FILEGROUP filegroup_name{filegroup_property|NAME=new_filegroup_name}
|SET<optionspec>[,...n][WITH<termination>]
|COLLATE<collation_name>
}
```

参数说明如下。

ADD FILE：指定要增加的数据库文件。

TO FILEGROUP：指定要增加文件到哪个文件组。

ADD LOG FILE：指定要增加的事务日志文件。

REMOVE FILE：从数据库系统表中删除指定文件的定义，并且删除其物理文件。只有文件为空时才能被删除。

ADD FILEGROUP：指定要增加的文件组。

REMOVE FILEGROUP：从数据库中删除指定文件组的定义，并且删除其包含的所有数据库文件。只有文件组为空时才能被删除。

MODIFY FILE：修改指定文件的文件名、容量大小、最大容量、文件增容方式等属性，但一次只能修改一个文件的一个属性。使用此选项时应注意，在文件格式 filespec 中必须用 NAME 明确指定文件名称，如果文件大小是已经确定了的，那么新定义的 SIZE 必须比当前的文件容量大；FILENAME 只能指定在 tempdbdatabase 中存在的文件，并且新的文件名只有在 SQL Server 重新启动后才发生作用。

MODIFY FILEGROUP：修改文件组属性，其中属性 filegroup_property 的取值可以为 READONLY，表示指定文件组为只读，要注意的是，主文件组不能指定为只读，只有对数据库有独占访问权限的用户才可以将一个文件组标志为只读；取值为 READWRITE，表示文件组为可读写，只有对数据库有独占访问权限的用户才可以将一个文件组标志为可读写；取值为 DEFAULT，表示指定文件组为默认文件组，一个数据库中只能有一个默认文件组。

SET：设置数据库属性。ALTER DATABASE 命令可以修改数据库大小、缩小数据库、更改数据库名称等。

【例 3.2】将一个大小为 10MB 的数据文件 Student_data 添加到 Student_Info 数据库中，该数据文件的大小为 10MB，最大的文件大小为 100MB，增长速度为 2MB。

```
ALTER DATABASE Student_Info
ADD FILE
(NAME=Student_data,
Filename='D:\Program Files\Microsoft SQL Server\...\Student_data.ndf',
size=10MB,
Maxsize=100MB,
Filegrowth=2MB
)
```

3.1.3 删除数据库

如果用户不再需要某一数据库时，只要满足一定的条件，即可将其删除，删除之后，相应的数据库文件及其数据都会被删除，并且不可恢复。

删除数据库时必须满足以下条件。

● 如果数据库涉及日志传送操作，在删除数据库之前，必须取消日志传送操作。

● 若要删除为事务复制发布的数据库，或删除为合并复制发布或订阅的数据库，必须首先从数据库中删除复制。如果数据库已损坏，不能删除复制，可以先将数据库设置为脱机状态，然后再删除数据库。

● 如果数据库中存在数据库快照，必须首先删除数据库快照。

1. 以 SSMS 图形界面方式删除数据库

下面介绍如何删除数据库，具体操作步骤如下。

启动 SQL Server Management Studio，并连接到 SQL Server 2008 中的数据库。在"对象资源管理器"中展开"数据库"节点。

鼠标右键单击要删除的数据库节点选项，在弹出的快捷菜单中选择"删除"命令。

在弹出的"删除对象"对话框中勾选要删除的数据库，再单击"确定"按钮，即可删除数据库，如图 3.4 所示。

注意：系统数据库（msdb、model、master、tempdb）无法删除。删除数据库后应立即备份 master 数据库，因为删除数据库将更新 master 数据库中的信息。

2. 使用 DROP DATABASE 语句删除数据库

使用 DROP DATABASE 语句删除数据库的语法格式如下。

```
DROP DATABASE database_name[,...n]
```

其中，database_name 是要删除的数据库名称，[,...n]表示可以有多个数据库名，即使用 DROP DATABASE 命令将可以将多个数据库批量删除。

在使用 DROP DATABASE 命令删除数据库时，系统中必须存在所要删除的数据库，否则系统将会提示出现错误。

另外，如果要删除正在使用的数据库，系统将会提示出现错误。

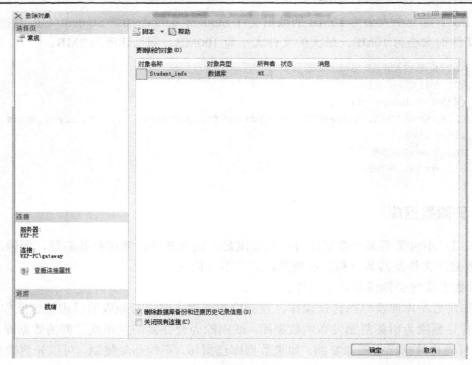

图 3.4 "删除对象"对话框

3.2 创 建 表

一个 SQL Server 数据库中通常包含多个表。表示一个存储数据的实体,具有唯一的名称。换句话说,数据库实际上是表的集合,具体的数据都是存储在表中的。表示一种对数据进行存储和操作的逻辑结构,每个表代表一个对象。

在创建表之前,先要确定表的名字、表的属性,同时确定表所包含的列名、列的数据类型、长度、是否可为空值、约束条件、默认值设置、规则及所需索引、主键、外键等信息,最终根据这些信息构建表结构。

3.2.1 SQL Server 2008 的数据类型

表的数据类型可以是 SQL Server 提供的系统数据类型,也可以是用户定义的数据类型。SQL Server 2008 提供了丰富的系统数据类型,如表 3.1 所示。

1. 整数型

整数型包括 bigint、int、smallint 和 tinyint,它们的表示数范围逐渐缩小。

2. 精确数值型

精确数值型数据由整数部分和小数部分构成,其所有的数字都是有效位,能够以完整的精度存储十进制数。精确数值型包括 decimal 和 numeric 两类。在 SQL Server 2008 中,这两种数据类型在功能上完全等价。

表 3.1　SQL Server 2008 系统数据类型

数 据 类 型	符 号 标 识
整数型	bigint, int, smallint, tinyint
精确数值型	decimal, numeric
浮点型	float, real
货币型	money, smallmoney
位型	bit
字符型	char, varchar、varchar(MAX)
Unicode 字符型	nchar, nvarchar、nvarchar(MAX)
文本型	text, ntext
二进制型	binary, varbinary、varbinary(MAX)
日期时间类型	datetime, smalldatetime, date, time, datetime2, datetimeoffset
时间戳类型	timestamp
图像类型	image
其他	cursor, sql_variant, table, uniqueidentifier, xml, hierarchyid

3．浮点型

浮点型也称近似数值型。这种类型不能提供精确表示数据的精度，使用这种类型来存储某些数值时，可能会损失一些精度，所以它可用于处理取值范围非常大且对精确度要求不太高的数值量，如一些统计量。

4．货币型

SQL Server 2008 提供了两个专门用于处理货币的数据类型：money 和 smallmoney，它们用十进制数表示货币值。

5．位型

SQL Server 2008 中的位（bit）型数据相当于其他语言中的逻辑型数据，它只存储 0 和 1，长度为 1 字节。但要注意，SQL Server 对表中 bit 类型列的存储进行了优化：如果一个表中有不多于 8 个的 bit 列，则这些列将作为 1 字节存储；如果表中有 9～16 个 bit 列，则这些列将作为 2 字节存储，更多列的情况以此类推。

6．字符型

字符型数据用于存储字符串，字符串中可包括字母、数字和其他特殊符号（如#、@、&等）。在输入字符串时，需将串中的符号用单引号或双引号括起来，如'abc'、"Abc_Cde"。

7．Unicode 字符型

Unicode 是统一字符编码标准，用于支持国际上非英语语种的字符数据的存储和处理。SQL Server 的 Unicode 字符型可以存储 Unicode 标准字符集定义的各种字符。

8．文本型

当需要存储大量的字符数据，如较长的备注、日志信息等时，字符型数据最长 8000 个字符的限制可能使它们不能满足这种应用需求，此时可使用文本型数据。

9．二进制型

二进制型数据类型表示的是位数据流，包括 binary（固定长度）和 varbinary（可变长度）两种。

10．日期时间类型

日期时间类型数据用于存储日期和时间信息，在 SQL Server 2008 以前的版本中，日期时间数据类型只有 datetime 和 smalldatetime 两种。而在 SQL Server 2008 中，新增了 4 种新的日期时间数据类型，分别为 date、time、datetime2 和 datetimeoffset。

11．时间戳类型

时间戳类型的标识符是 timestamp。若创建表时定义一个列的数据类型为时间戳类型，那么每当对该表加入新行或修改已有行时，都由系统自动将一个计数器值加到该列，即将原来的时间戳值加上一个增量。

12．图像类型

标识符是 image，它用于存储图片、照片等。实际存储的是可变长度二进制数据，介于 $0\sim2^{31}-1$（2 147 483 647）字节之间。在 SQL Server 2008 中，该类型是为了向下兼容而保留的数据类型。微软推荐用户使用 varbinary(MAX)数据类型来替代 image 类型。

13．其他

除了以上介绍的常用数据类型外，SQL Server 2008 还提供了其他几种数据类型：cursor、sql_variant、table、uniqueidentifier、xml 和 hierarchyid。

3.2.2　以 SSMS 图形界面方式创建、修改和删除数据表

1．创建数据表

在 SQL Server Management Studio 中创建数据表，具体操作步骤如下。

启动 SQL Server Management Studio，并连接到 SQL Server 2008 中的数据库。

在"对象资源管理器"中，展开所要创建的表所在的数据库节点，用鼠标右键单击该数据库节点下的"表"节点选项，在弹出的快捷菜单中选择"新建表"命令。

在 SMSS 中部的表定义窗口设置表的结构信息，分别设置各列的列名、数据类型、允许为空等属性；在选中的行上单击鼠标右键，在弹出的快捷菜单中选择"设置主键"命令，即可定义表的主键，如图 3.5 所示。

在表中各列的属性编辑完成后，单击工具栏中的"保存"按钮，在弹出的"选择名称"对话框中为表格命名，即可完成表的创建。在对象资源管理其中可以找到新创建的表。

2．修改数据表

启动 SQL Server Management Studio，并连接到 SQL Server 2008 中的数据库，在"对象资源管理器"中展开某数据库节点下层的"表"节点。

图 3.5　表定义窗口

用鼠标右键单击需要更改的表节点选项，在弹出的快捷菜单中选择"设计"命令，打开表设计对话框，通过该对话框可以修改数据表的相关选项。

SQL Server 2008 支持的修改操作包括重命名表、增加列、删除列、修改列等。需要注意的是，在修改表的定义之前，应先将操作涉及的数据库进行分离并备份，以防对表造成的改变无法恢复。

3．删除数据表

启动 SQL Server Management Studio，并连接到 SQL Server 2008 中的数据库，在"对象资源管理器"中展开某数据库节点下层的"表"节点。

鼠标右键单击需要删除的表，在弹出的快捷菜单中选择"删除"命令，进入"删除对象"对话框，单击"确定"按钮，即可删除成功。

3.2.3　使用 T-SQL 语句创建、修改和删除数据表

1．使用 CREATE TABLE 语句创建表

创建表使用 CREATE TABLE 语句，其功能是定义表名、列名、数据类型、标志初始值等，还可以同时定义表的完整性约束和默认值。CREATE TABLE 语句的基本语法如下。

```
CREATE TABLE
    [ database_name . [ schema_name ] . | schema_name . ] table_name
    [ AS FileTable ]
    ( { <column_definition> | <computed_column_definition>
        | <column_set_definition> | [ <table_constraint> ]
    | [ <table_index> ] [ ,...n ] } )
```

```
        [ ON { partition_scheme_name ( partition_column_name ) | filegroup
          | "default" } ]
        [ { TEXTIMAGE_ON { filegroup | "default" } ]
        [ FILESTREAM_ON { partition_scheme_name | filegroup | "default" } ]
        [ WITH ( <table_option> [ ,...n ] ) ]
      [ ; ]
```

CREATE TABLE 语句的参数及说明如下。

database_name：要在其中创建表的数据库的名称。database_name 必须指定现有数据库的名称。如果未指定，则 database_name 默认为当前数据库。当前连接的登录名必须与 database_name 所指定数据库中的一个现有用户 ID 关联，并且该用户 ID 必须具有 CREATE TABLE 权限。

schema_name：新表所属架构的名称。

table_name：新表的名称。表名必须遵循有关标识符的规则。除了本地临时表名（以单个数字符号（#）为前缀的名称）不能超过 116 个字符外，table_name 最多可包含 128 个字符。

AS FileTable：将新表创建为 FileTable。无须指定列，因为 FileTable 具有固定架构。

```
    column_name
```

computed_column_expression：定义计算列的值的表达式。计算列是虚拟列，并非实际存储在表中，除非此列标记为 PERSISTED。该列由同一表中的其他列通过表达式计算得到。表达式可以是非计算列的名称、常量、函数、变量及通过一个或多个运算符连接的上述元素的任意组合。表达式不能是子查询，也不能包含别名数据类型。

PERSISTED：指定 SQL Server 数据库引擎将在表中物理存储计算值，并在计算列依赖的任何其他列发生更新时对这些计算值进行更新。将计算列标记为 PERSISTED，可允许对具有确定性、但不精确的计算列创建索引。

ON { <partition_scheme> | filegroup | "default" }：指定存储表的分区架构或文件组。如果指定了<partition_scheme>，则该表将成为已分区表，其分区存储在<partition_scheme>所指定的一个或多个文件组的集合中。如果指定了 filegroup，则该表将存储在命名的文件组中。数据库中必须存在该文件组。如果指定了"default"，或者根本未指定 ON，则表存储在默认文件组中。CREATE TABLE 中指定的表的存储机制以后不能进行更改。

TEXTIMAGE_ON { filegroup| "default" }：指示 text、ntext、image、xml、varchar(max)、nvarchar(max)、varbinary(max)和 CLR 用户定义类型的列（包括几何图形和地理）存储在指定文件组。

FILESTREAM_ON { partition_scheme_name | filegroup | "default" }：指定 FILESTREAM 数据的文件组。

【例 3.3】 用 CREATE TABLE 语句创建数据库 StudentManagement 中的 Course 表，要求课程号为主键，课程名字唯一，每门课的学分默认为 4。

在查询编辑器中输入如下 T-SQL 语句，结果如图 3.6 所示。

```
USE Student_Info
GO
```

```
CREATE TABLE Course
(
    Course_No varchar(10) PRIMARY KEY,
    Course_TypeNo varchar(10),
    Course_Name varchar(30) UNIQUE,
    Course_Info varchar(50),
    Course_Credits numeric(2,0) DEFAULT(4),
    Course_Time numeric(3,0),
    Course_PreNo char(5),
    Course_Term numeric(1,0)
)
```

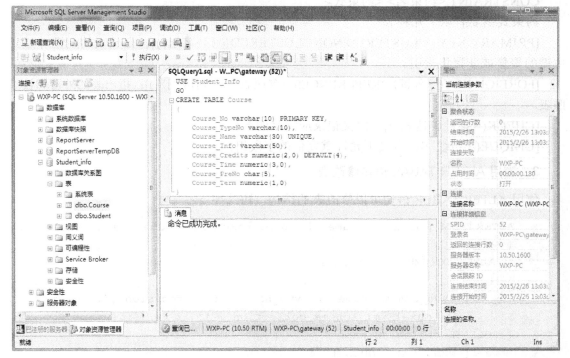

图 3.6　查询编辑器

2．约束

约束是 SQL Server 提供的自动保持数据库完整性的一种方法，它通过限制字段中的数据、记录中的数据和表之间的数据来保证数据的完整性。在 SQL Server 中，对于基本表的约束分为列级约束和表级约束两种。

（1）列级约束

列级约束也称字段约束，可以使用以下短语定义。

[NOT NULL|NULL]：定义不允许或允许字段值为空。

[PRIMARY KEY CLUSTERED|NON CLUSTERED：定义该字段为主键并建立聚集或非聚集索引。

[REFERENCE〈参照表〉(〈对应字段〉)]：定义该字段为外键，并指出被参照表及对应字段。

[DEFAULT〈默认值〉]：定义字段的默认值。

[CHECK(〈条件〉)]：定义字段应满足的条件表达式。

[IDENTITY(〈初始值〉,〈步长〉)]：定义字段为数值型数据，并指出它的初始值和逐步增加的步长值。

（2）表级约束

表级约束也称记录约束，其格式为：

CONSTRAINT <约束名> <约束式>

约束式主要有以下几种。

[PRIMARY KEY [CLUSTERED|NONCLUSTERED](〈列名组〉)]：定义表的主键并建立主键的聚集或非聚集索引。

[FOREIGN KEY(〈外键〉)REFERENCES〈参照表〉(〈对应列〉)]：指出表的外键和被参照表。

[CHECK(〈条件表达式〉)]：定义记录应满足的条件。

[UNIQUE(〈列组〉)]：定义不允许重复值的字段组。

3. 使用 ALTER TABAL 语句修改表

使用 ALTER TABLE 语句可以修改表的结构，语法如下：

```
ALTER TABLE [ database_name . [ schema_name ] . | schema_name . ] table_name
{
    ALTER COLUMN column_name
    {
        [ type_schema_name. ] type_name [ ( { precision [ , scale ]
            | max | xml_schema_collection } ) ]
[ COLLATE collation_name ]
        [ NULL | NOT NULL ]
| {ADD | DROP }
 { ROWGUIDCOL | PERSISTED| NOT FOR REPLICATION | SPARSE  }
    }
| [ WITH { CHECK | NOCHECK } ]
| ADD
    {
        <column_definition>
    | <computed_column_definition>
    | <table_constraint>
| <column_set_definition>
    } [ ,...n ]
    | DROP
    {
```

```
    [ CONSTRAINT ] constraint_name
    [ WITH ( <drop_clustered_constraint_option> [ ,...n ] ) ]
    | COLUMN column_name
} [ ,...n ]
```

ALTER TABLE 语句的参数及说明如下。

database_name：创建表时所在的数据库的名称。

schema_name：表所属架构的名称。

table_name：要更改的表的名称。

ALTER COLUMN：指定要更改列名。

column_name：要更改、添加或删除的列的名称。

[type_schema_name.] type_name：更改后的列的新数据类型或添加的列的数据类型。

precision：指定的数据类型的精度。

scale：指定的数据类型的小数位数。

max：仅应用于 varchar、nvarchar 和 varbinary 数据类型。

xml_schema_collection：仅应用于 xml 数据类型。

COLLATE collation_name：指定更改后的列的新排序规则。

NULL | NOT NULL：指定列是否可接受空值。

{ADD | DROP} ROWGUIDCOL：指定在指定列中添加或删除 ROWGUIDCOL 属性。

{ADD | DROP} PERSISTED：在指定列中添加或删除 PERSISTED 属性。

NOT FOR REPLICATION：当复制代理执行插入操作时，标识列中的值将增加。

SPARSE：指示列为稀疏列。稀疏列已针对 NULL 值进行了存储优化。不能将稀疏列指定为 NOT NULL。

WITH {CHECK | NOCHECK}：指定表中的数据是否用新添加的或重新启用的 FOREIGN KEY 或 CHECK 约束进行验证。

ADD：指定添加一个或多个列定义、计算列定义或表约束。

DROP { [CONSTRAINT] constraint_name | COLUMN column_name }：指定从表中删除 constraint_name 或 column_name。可以列出多个列或约束。

WITH <drop_clustered_constraint_option>：指定设置一个或多个删除聚集约束选项。

4．使用 DROP TABLE 语句删除表

使用 DROP TABLE 语句可以删除数据表，其语法如下：

```
DROP TABLE [ database_name . [ schema_name ] . | schema_name . ]
    table_name [ ,...n ] [ ; ]
```

参数说明如下。

database_name：要在其中删除表的数据库的名称。

schema_name：表所属架构的名称。

table_name：要删除的表的名称。

3.3 实验 2——创建数据库和表

3.3.1 实验目的

1．了解 SQL Server 2008 数据库的逻辑结构和物理结构；
2．了解表的结构特点；
3．了解 SQL Server 2008 的基本数据类型；
4．学会在 SSMS 中创建数据库和表；
5．学会使用 T-SQL 语句创建数据库和表。

3.3.2 实验准备

1．要明确能够创建数据库的用户必须是系统管理员，或者是被授权使用 CREATE DATABASE 语句的用户；
2．创建数据库必须要确定数据库名、所有者（创建者）、数据库大小（最初的大小、最大的大小、是否被允许增长及增长的方式）和存储数据的文件；
3．确定数据库包含哪些表及包含的各表的结构，还要了解 SQL Server 2008 的常用数据类型，以创建数据库的表；
4．了解常用的创建数据库和表的方法。

3.3.3 实验内容

1．数据库分析。

（1）创建用于员工考勤的数据库，数据库名为 YGKQ，初始大小为 50MB，数据库自动增长，增长方式是按 5%比例增长；日志文件初始为 2MB，最大可增长到 5MB，按 1MB 增长。数据库的逻辑文件名和物理文件名均采用默认值；

（2）数据库 YGKQ 包含员工的信息和缺勤类型信息，其中 YGKQ 包含下列三个表：

JBQK：员工基本情况表；

QQLX：缺勤类型信息表；

BMXX：部门信息表。

各表的结构如表 3.2、表 3.3、表 3.4 所示。

表 3.2　JBQK 表结构

字　段　名	字　段　类　型	字　段　宽　度	说　　　明
员工号	CHAR	4	主键
姓名	CHAR	8	
所在部门代码	CHAR	10	
缺勤时间	DATETIME		
缺勤天数	INT		
缺勤类型	CHAR	10	
缺勤理由	CHAR	80	

表 3.3　QQLX 表结构

字 段 名	字 段 类 型	字 段 宽 度	说　　明
缺勤类型	CHAR	10	主键
缺勤名称	CHAR	20	
缺勤描述	CHAR	80	

表 3.4　BMXX 表结构

字 段 名	字 段 类 型	字 段 宽 度	说　　明
部门编码	CHAR	10	主键
部门名称	CHAR	20	
部门描述	CHAR	80	

各表的数据内容如表 3.5、表 3.6、表 3.7 所示。

表 3.5　JBQK 表内容

职 工 号	姓　　名	部门编码	缺勤时间	缺勤天数	缺勤类型	缺勤理由
001	李华	0001	2014-02-03	3	1	事假
002	张敏	0001	2014-02-12	2	2	病假
003	付丽	0002	2014-03-06	5	3	旷工
004	张晓华	0002	2014-03-10	2	1	事假
005	邓刚	0003	2014-03-16	1	2	病假

表 3.6　QQLX 表内容

缺勤类型	缺勤名称	缺勤描述
1	事假	本人必须提前 1 天申请，1～2 天由部门准许，2 天以上由经理批准
2	病假	1～2 天由部门准许，2 天以上由经理批准
3	旷工	无故不到者，按旷工论处
4	迟到	在规定上班时间 1 小时后到岗

表 3.7　BMXX 表内容

部门编码	部门名称	部门描述
0001	人事部	
0002	财务部	
0003	市场部	
0004	后勤部	

2．在 SSMS 图形界面中创建和删除数据库和数据表。

（1）在 SSMS 图形界面中创建 YGKQ 数据库；

（2）在 SSMS 图形界面中删除 YGKQ 数据库；

（3）在 SSMS 图形界面中创建、删除 BMXX 表；

（4）在 SSMS 图形界面中分别创建 JBQK 和 QQLX 表；

（5）在 SSMS 图形界面中删除 JBQK 表和 QQLX 表。

3．在查询编辑器中创建数据库和数据表。

（1）用 T-SQL 语句创建数据库 YGKQ；

（2）用 T-SQL 语句创建 JBKQ 和 QQLX、BMXX 表。

第4章 表的基本操作与数据查询

在第 3 章中掌握了 SQL Server 数据库的物理结构设计和逻辑结构设计，建立了表的结构定义，表里没有数据，仍是空表。本章将讲解如何对表进行操作及数据查询。

4.1 表的基本操作

在 SQL Server 2008 中，对表进行操作有两种方法：一种是在 SSMS 图形界面中使用功能菜单直接进行操作；另一种是在查询编辑器中运行 T-SQL 命令进行操作。

4.1.1 在 SSMS 图形界面中进行操作

1. 向表中添加数据

启动 SQL Server Management Studio，并连接到 SQL Server 2008 中的数据库，在"对象资源管理器"中展开某数据库节点下层的"表"节点。

鼠标右键单击需要添加数据的表，在弹出的快捷菜单中选择"编辑前 200 行"命令，打开该表的数据页，将鼠标移动到相应的记录行，即可向该行添加数据。如图 4.1 所示。

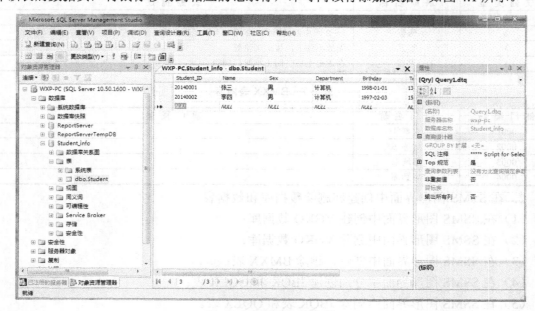

图 4.1 编辑表中的数据

添加完毕后，选择菜单栏里的"文件"→"关闭"命令，关闭表格的数据编辑窗口，将修改结果自动保存。

2．编辑表中的数据

启动 SQL Server Management Studio，并连接到 SQL Server 2008 中的数据库，在"对象资源管理器"中展开某数据库节点下层的"表"节点。

鼠标右键单击需要编辑的表，在弹出的快捷菜单中选择"编辑前 200 行"命令，打开该表的数据页，将鼠标移动至所要编辑的数据行，即可编辑该行存储的数据记录。

编辑完毕后，选择菜单栏里的"文件"→"关闭"命令，关闭表格的数据编辑窗口，将修改结果自动保存。

3．从表中删除数据

启动 SQL Server Management Studio，并连接到 SQL Server 2008 中的数据库，在"对象资源管理器"中展开某数据库节点下层的"表"节点。

鼠标右键单击需要添加数据的表，在弹出的快捷菜单中选择"编辑前 200 行"命令，打开该表的数据页，将鼠标移动到要删除的记录行，用右键单击该行的任意区域，在弹出的快捷菜单中选择"删除"命令，即可删除该行数据。

删除完毕后，选择菜单栏里的"文件"→"关闭"命令，关闭表格的数据编辑窗口，将修改结果自动保存。

4.1.2　使用 T-SQL 语句进行操作

1．向表中添加数据

INSERT 语句用于向数据库表或视图中加入一行数据，其基本语法格式如下：

```
INSERT [ INTO] { table_name| view_name} {[ （column_list） ]
    { VALUES （{ DEFAULT | NULL | expression } [ ,...n]） | derived_table}
```

参数说明：

[INTO]：可选关键字，使用该关键字可使得语句的意义更加清晰。

table_name：要插入数据的表的名字。

view_name：要插入数据的视图名称。

column_list：要插入数据的一列或多列的列表，column_list 的内容必须用圆括号括起来，并用逗号分隔开。

VALUES：插入的数据值的列表，必须用圆括号将值括起来，并且数据值的顺序和数据类型要与 column_list 一致。

DEFAULT：使用默认值填充。

NULL：使用空值 NULL 填充。

expression：常量、变量或表达式。表达式中不能含有 Select 或 EXEC 语句。

derived_table：任何有效的 Select 语句，返回要插入表中的数据行。

【**例 4.1**】　向表 Class 中添加 4 条班级记录。

在查询编辑器窗口中输入如下 T-SQL 语句：

```
USE Student_Info
```

```
GO
INSERT Class(Class_No, Class_DepartmentNo, Class_TeacherNo, Class_Name,
        Class_Amount)
    VALUES('200701 ','01','0001','微机 0701',30)
INSERT Class
    VALUES('200702 ','01','0001','微机 0702',40)
INSERT Class
    VALUES('200801 ','01','0002','微机 0801',60)
INSERT Class
    VALUES('200802 ','01','0002','信管 0801',40)
GO
```

4.1.3　使用 T-SQL 语句修改表中的数据

UPDATE 语句用于修改数据库表中特定记录或字段的数据。其基本语法格式如下：

```
UPDATE{ table_name | view_name}[ FROM { < table_source > } ] [ ,...n ]
    SET column_name = { expression | DEFAULT | NULL }[ ,...n ]
    [ WHERE  search_condition > ]
```

参数说明：

UPDATE 语句用于指明要修改数据的表或视图名称。

SET 子句用于指明要修改的列及新数据的值（该值可以是表达式、默认值或空值）。

WHERE 子句用于指明修改记录的条件。

【例 4.2】　将表 Class 中班级编号为"200802"的班级名称改为"微机 0802"，人数改为 50。在查询编辑器窗口中输入如下 T-SQL 语句：

```
USE Student_Info
GO
UPDATE Class
    SET Class_Name ='微机 0802', Class_Amount=50
    WHERE Class_No='200802'
GO
```

4.1.4　使用 T-SQL 语句删除表中的数据

1. DELETE 语句

DELETE 语句用以从表或视图中删除一行或多行记录。其基本语法格式如下：

```
DELETE [ FROM ] { table_name WITH ( < table_hint_limited > [ ...n ] )| view_name }
    [ WHERE  < search_condition > ]
```

参数说明：

DELETE [FROM]语句用于指明要修改删除的记录所在的表或视图名称，FROM 为可选关键字，使用该关键字可使得语句的意义更加清晰。

WHERE 子句用于指明要删除记录的条件。

【例 4.3】　删除表 Student 中姓名为"王五"同学的信息。

在查询窗口中输入如下 T-SQL 语句：

```
USE Student_Info
GO
DELETE Student
    WHERE Student_Name='王五'
Go
```

2. TRUNCATE TABLE 语句

使用 T-SQL 语句删除表中的数据，还有一种方法，即使用 TRUNCATE TABLE 语句删除指定表中的所有数据，因此也称为清除表数据语句。

语法格式：

```
TRUNCATE TABLE table_name
```

参数说明：

table_name 为所要删除数据的表名。由于 TRUNCATE TABLE 语句将删除表中的所有数据，且无法恢复，因此使用时必须十分当心。

4.2　数　据　查　询

关系数据的一个重要内容就是可以在任意两个表中存在关系。这种关系为查询带来新的内容，通过不同的连接查询可以将不同表之间的不同列返回到同一个结果集中，从而组成需要的结果。

在 SQL Server 2008 数据库系统中，SELCET 语句是 T-SQL 语言中的核心内容。数据查询功能通过 SELECT 语句来实现。SELECT 语句可以从数据库中按照用户的需要检索数据，并将查询结果以表格的形式输出。

SELECT 语句是数据库最基本的语句之一，同时也是 SQL 编程技术最常用的语句。使用 SELECT 语句不但可以在数据库中精确地查找某条信息，而且还可以模糊地查找带有某项特征的多条数据。这在很大程度上方便了用户查找数据信息。

```
SELECT [ALL|DISTINCT]select_list
[INTO new_table]
FROM table_source
[WHERE search_conditions]
[GROUP BY group_by_expression]
[HAVING search_conditions]
[ORDER BY order_expression[ASC|DESC]]
```

上面格式中，SELECT 查询语句中共有 5 个子句，其中 SELECT 和 FROM 语句为必选子句，而 WHERE、GROUP BY 和 ORDER BY 子句为可选子句。[ ]内的部分为可选项，大写内容为关键字。下面对各种参数进行详细说明。

SELECT 子句：用来指定由查询返回的列，并且各列在 SELECT 子句中的顺序决定了它们在结果表中的顺序。

ALL|DISTINCT：用来标识在查询结果集中对相同行的处理方式。关键字 ALL 表示返回查询结果集的所有行，其中包括重复行；关键字 DISTINCT 表示若结果集中有相同的数据行，则只保留显示一行，默认值为 ALL。

select_list：用来指定要显示的目标列，若要显示多个目标列，则各列名之间用半角逗号隔开；若要返回所有列，则可以用"*"表示。

INTO new_table：用来创建一个新的数据表，new_table 为新表的名称，表的数据为查询的结果集。

FROM table_source：用来指定数据源，table_source 为数据源表名称。

WHERE search_conditions：用来指定限定返回的行的搜索条件，search_conditions 为条件表达式。

GROUP BY group_by_expression：用来指定查询结果的分组条件，即归纳信息类型，group_by_expression 为分组所依据的表达式。

HAVING search_conditions：用来指定组或聚合的搜索条件，search_conditions 为分组后的条件表达式。

ORDER BY order_expression [ASC|DESC]：用来指定结果集的排序方式，ASC 表示结果集以升序排列，DESC 表示结果集以降序排列，默认情况下结果集以 ASC 升序排列。

4.2.1　单表查询

单表查询是指在一个表中查找所需的数据。因此，在进行单表查询时，FROM 子句中的数据源只有一个表。

1. 使用 SELECT 子句选取字段

SELECT 子句在指定的表中查询指定的字段，其本质是对表中的数据字段（列）进行筛选，即关系运算中的"投影"操作。SELECT 语句格式为：

```
SELECT <目标列>
    FROM <数据源>
```

（1）查询一个表中的全部列

选择表的全部列时，可以使用星号"*"来表示所有的列。

【例 4.4】　检索 students 表、course 表和 sc 表中的所有记录。

T-SQL 语句如下：

```
USE Student_Info
GO
SELECT * FROM student
SELECT * FROM course
SELECT * FROM sc
GO
```

（2）查询一个表中的部分列

如果查询数据时只需要选择一个表中的部分列信息，则在 SELECT 后给出需要的列即可，各列名之间用逗号分隔。

【例 4.5】检索 student 表中学生的部分信息，包括学号、学生姓名和所属院系。
T-SQL 语句如下：

```
SELECT sno, sname, sdept
FROM student
```

（3）为列设置别名

通常情况下，当从一个表中取出列值时，该值与列的名称是联系在一起的。如例 4.5 中从 student 表中取出学号与学生姓名，取出的值就与 sno 和 sname 有联系。当希望查询结果中的列使用新的名字来取代原来的列名称时，可以使用如下方法：

- 在列名之后使用 AS 关键字来更改查询结果中的列标题名，如 sno AS 学号；
- 直接在列名后使用列的别名，列的别名可以带双引号、单引号或不带引号。

【例 4.6】 检索 student 表中学生的 sno、sname、sage 和 sdept，指定结果中各列的标题分别为学生学号、学生姓名、年龄和所属院系。

T-SQL 语句如下：

```
SELECT sno as 学生学号, sname 学生姓名, sage '年龄', sdept "所属院系"
FROM student
```

（4）计算列值

使用 SELECT 语句对列进行查询时，SELECT 后面可以跟列的表达式。也就是说，使用 SELECT 语句不仅可以查询原表中已有的列，而且还可以通过计算得到新的列。

【例 4.7】 查询 sc 表中的学生成绩，并显示折算后的分数（折算方法：原始分数×1.2）。
T-SQL 语句如下：

```
SELECT sno, grade AS 原始分数, grade*1.2 AS 折算后分数
FROM sc
```

（5）消除结果中的重复项

在一张完整的关系数据库表中不可能出现两个完全相同的记录，但由于我们在查询时有时只涉及表的部分字段，这样，就有可能出现重复的行，可以使用 DISTINCT 短语来避免这种情况。

关键字 DISTINCT 的含义是对结果集中的重复行只选择一个，以保证行的唯一性。

【例 4.8】 从 student 表中查询所有的院系信息，并去掉重复信息。

T-SQL 语句如下：

```
SELECT DISTINCT sdept
FROM student
```

（6）限制结果返回的行数

如果 SELECT 语句返回的结果行数非常多，而用户只需要返回满足条件的前几条记录，则可以使用 TOP n [PERCENT]可选子句。其中，n 是一个正整数，表示返回查询结果的前 n 行。如果使用 PERCENT 关键字，则表示返回结果的前 n%行。

【例 4.9】 查询 student 表中的前 10 个学生的信息。

T-SQL 语句如下：

```
SELECT TOP 10 *
FROM student
```

2. 使用 INTO 子句创建新表

在通过 SELECT 语句进行查询时，使用 INTO 子句，可以自动创建一个新表并将查询结果集中的记录添加到该表中。新表中的字段（列）由 SELECT 子句中的目标列决定。若新表的名称以"#"开头，则生成的表为临时表，不带"#"的为永久表。

【例 4.10】 将 Student 表中的学号、姓名、性别的查询结果组建为新表 StudentTemp。

T-SQL 语句如下：

```
USE Student_Info
GO
SELECT Student_No, Student_Name, Sex
INTO #StudentTemp
FROM Student
GO
```

3. SELECT 语句中的条件查询

条件查询是用得最多的一种查询方式，通过在 WHERE 子句中设置查询条件，可以挑选出符合要求的数据、修改某一记录、删除某一记录。条件查询的本质是对表中的数据记录进行筛选，即关系运算中的"选择"操作。

在 SELECT 语句中，WHERE 子句必须紧跟在 FROM 子句之后，其基本格式如下：

```
WHERE <查询条件>
```

其中，查询条件的使用主要有以下几种情况。

（1）使用比较运算符

使用第 3 章介绍的比较运算符来比较表达式值的大小，包括：=（等于）、>（大于）、<（小于）、>=（大于等于）、<=（小于等于）、!=（不等于）、<>（不等于）、!<（不小于）、!>（不大于）。运算结果为 TRUE 或 FALSE。

【例 4.11】 在 student 表中查询信息系（IM）的学生。

T-SQL 语句如下：

```
SELECT *
FROM student
WHERE sdept='IM'
```

（2）使用逻辑运算符

逻辑运算符包括 AND、OR 和 NOT，用于连接 WHERE 子句中的多个查询条件。当一条语句中同时含有多个逻辑运算符时，取值的优先顺序为：NOT、AND 和 OR。

【例 4.12】 在 student 表中查询年龄小于 18 或大于 22，并且籍贯是山东的学生信息。

T-SQL 语句如下：

```
SELECT *
FROM student
WHERE (sage<18 or sage>22) and snativeplace='山东'
```

（3）使用 LIKE 进行字符匹配

在查找记录时，如果不是很适合使用算术运算符和逻辑运算符，则可能要用到更高级的技术。例如，当不知道学生全名而只知道姓名的一部分时，就可以使用 LIKE 搜索学生情况。

LIKE 是字符匹配运算符，用于指定一个字符串是否与指定的字符串相匹配。使用 LIKE 进行匹配时，可以使用通配符，即可以使用模糊查询。

T-SQL 中使用的通配符有"%"、"_"、"[ ]"和"[^]"。通配符用在要查找的字符串的旁边。它们可以一起使用，使用其中的一种并不排斥使用其他的通配符。

- "%"可匹配任意多个字符。如果要查找姓名中有"a"的教师，可以使用"%a%"，这样会查找出姓名中任何位置包含字母"a"的记录；
- "_"可匹配单个字符。使用"_a"，将返回任何名字为两个字符且第二个字符是"a"的记录；
- "[ ]"允许在指定值的集合或范围中查找单个字符。如要搜索名字中包含介于 a~f 之间的单个字符的记录，则可以使用 LIKE "%[a-f]%"；
- "[^]"与"[ ]"相反，用于指定不属于范围内的字符。如，[^abcdef]表示不属于 abcdef 集合中的字符。

【例 4.13】　在 students 表中查询姓"赵"的学生信息。

T-SQL 语句如下：

```
SELECT *
FROM student
WHERE sname like '赵%'
```

（4）确定范围

T-SQL 中与范围相关的关键字有两个：BETWEEN 和 IN。

当要查询的条件是某个值的范围时，使用 BETWEEN…AND…来指出查询范围。其中，AND 的左端给出查询范围的下限，AND 的右端给出查询范围的上限。

【例 4.14】　在 sc 表中，查询成绩为 60~80 分的学生情况。

T-SQL 语句如下：

```
SELECT *
FROM sc
WHERE grade between 60 and 80
```

关键字 IN 用于表示查询范围属于指定的集合。集合中列出所有可能的值，当表中的值与集合中的任意一个值匹配时，即满足条件。

【例 4.15】　在 student 表中查询 IM 系和 CAST 系的同学情况。

T-SQL 语句如下：

```
SELECT *
FROM student
WHERE sdept IN ('CSAT', 'IM')
```

该语句等价于：

```
SELECT *
FROM student
WHERE sdept='CSAT' or Sdept='IM'
```

（5）涉及空值 NULL 的查询

值为"空"并非没有值，而是一个特殊的符号"NULL"。一个字段是否允许为空，是在建立表的结构时设置的。在判断一个表达式的值是否为空值时，可以使用 IS NULL 关键字。

【例 4.16】　查询缺少单科成绩的学生的信息。

T-SQL 语句如下：

```
SELECT *
FROM sc
WHERE grade IS NULL
```

4．ORDER BY 子句的使用

利用 ORDER BY 子句可以对查询的结果按照指定的字段进行排序。

ORDER BY 子句的语法格式如下：

```
ORDER BY 排序表达式 [ASC|DESC]
```

其中，ASC 代表升序，DESC 表示降序，默认为升序排列。对数据类型为 TEXT、NTEXT 和 IMAGE 的字段不能使用 ORDER BY 进行排序。

【例 4.17】　查询 student 表中全体女学生的情况，要求结果按照年龄降序排列。

T-SQL 语句如下：

```
SELECT *
FROM student
WHERE sex='女'
ORDER BY sage DESC
```

5．GROUP BY 子句的使用

对数据进行检索时，经常需要对结果进行汇总统计计算。在 T-SQL 中，通常使用聚合函数和 GROUP BY 子句来实现统计计算。

（1）聚合函数

聚合函数用于处理单个列中所选的全部值，并生成一个结果值。

常用的聚合函数如表 4.1 所示。

说明：

如果使用 DISTINCT，则表示在计算时去掉重复值，而 ALL 则表示对所有值进行运算，默认值为 ALL。

表 4.1　常用的聚合函数

函数名称	说　　明
COUNT([DISTINCT|ALL] 列名称|*)	统计符合条件的记录的个数
SUM([DISTINCT|ALL] 列名称)	计算一列中所有值的总和，只能用于数值类型
AVG([DISTINCT|ALL] 列名称)	计算一列中所有值的平均值，只能用于数值类型
MAX([DISTINCT|ALL] 列名称)	求一列值中的最大值
MIN([DISTINCT|ALL] 列名称)	求一列值中的最小值

【例 4.18】　统计查询 student 表中学生的总人数。

T-SQL 语句如下：

```
SELECT COUNT(*) FROM student
```

【例 4.19】　查询选修 01 课程学生的最高分、最低分和平均分。

T-SQL 语句如下：

```
SELECT MAX(grade) as '最高分', MIN(grade) as '最低分', AVG(grade) as '平均分'
FROM sc WHERE cno='01'
```

（2）GROUP BY 子句

GROUP BY 子句用于对表或视图中的数据按字段进行分组，还可以利用 HAVING 短语按照一定的条件对分组后的数据进行筛选。

GROUP BY 子句的语法格式如下：

```
GROUP BY [ALL] 分组表达式 [HAVING 查询条件]
```

需要注意的是，当使用 HAVING 短语指定筛选条件时，HAVING 短语必须与 GROUP BY 配合使用。HAVING 短语与 WHERE 子句之间并不冲突：WHERE 子句用于表的选择运算，HAVING 短语用于设置分组的筛选条件，只有满足 HAVING 条件的分组数据才会被输出。

【例 4.20】　求 student 表中各个专业的学生人数。

T-SQL 语句如下：

```
SELECT sdept, COUNT(*) as '学生人数'
FROM student
GROUP BY sdept
```

【例 4.21】　查询 sc 表中选修了两门课且成绩均不及格的学生的学号。

分析：首先将 SC 表中的成绩不及格的学生按学号进行分组，再对各个分组进行筛选，找出记录数大于 2 的学生学号，进行结果输出。

T-SQL 语句如下：

```
SELECT sno FROM sc WHERE grade<60
    GROUP BY sno HAVING COUNT(*)>2
```

4.2.2　连接查询（JOIN）

在实际应用中，经常需要把两个或多个表按照给定的条件进行连接而形成新的表。

多表连接使用 FROM 子句指定多个表，连接条件指定各列之间（每个表至少一列）进行连接的关系。连接条件中的列必须具有一致的数据类型。

在 T-SQL 中，连接查询有两类实现形式：一类是使用等值连接形式，另一类是使用关键字 JOIN 连接形式。

1. 等值连接

等值连接的连接条件是在 WHERE 子句中给出的，只有满足连接条件的行才会出现在查询结果中。这种形式又称为连接谓词表示形式，是 SQL 语言早期的连接形式。

等值连接的连接条件格式如下：

```
表名1.字段名1=表名2.字段名2
```

【例 4.22】　从 student 表和 sc 表中，查询所有不及格的学生的学号、学生姓名、所属院系、所选的课程号和成绩。

T-SQL 语句如下：

```
SELECT student.sno, sname, sdept, cno, grade
FROM student, sc
WHERE student.sno=sc.sno and grade<60
```

说明：

● 本例中，WHERE 子句既有查询条件（grade<60），又有连接条件（student.sno=sc.sno）；
● 连接条件中的两个字段称为连接字段，它们必须具有一致的数据类型。如本例中，连接字段分别为 student 表的 sno 字段和 sc 表的 sno 字段；
● 在单表查询中，所有的字段都来自于同一张表，故在 SELECT 语句中无须特别说明。但是在多表查询中，有的字段（如 sno 字段）在几个表中都出现了，引用时就必须说明其来自哪个表，否则就可能引起混乱，造成语法错误；
● 连接条件中使用的比较运算符可以是<、<=、=、>、>=、!=、<>、!<和!>。当比较运算符为"="时，就是等值连接。

2. 使用 JOIN 关键字连接多个表

T-SQL 扩展了连接的形式，引入了 JOIN…ON 关键字连接形式，从而使表的连接运算能力得到了增强。

JOIN…ON 关键字放在 FROM 子句中，其命令格式如下：

```
FROM <表名1> [INNER]|{|LEFT|RIGHT|FULL} [OUTER]] JOIN <表名2> ON <连接条件>
```

这种连接形式通过 FROM 给出连接类型，用 JOIN 表示连接，用 ON 短语给出连接条件。

JOIN 提供了多种类型的连接方法：内连接、外连接和交叉连接。它们之间的区别在于：从相互关联的不同表中选择用于连接的行时所采用的方法不同。下面分别介绍这几种连接的使用方法。

（1）内连接 INNER JOIN

内连接是最常见的一种连接，又称为普通连接或自然连接，它是系统默认的形式，在实际使用中可以省略 INNER 关键字。

【例 4.23】　例 4.22 也可以改写成如下形式实现。

```
SELECT student.sno, sname, sdept, cno, grade
    FROM student JOIN sc ON student.sno=sc.sno
    WHERE grade<60
```

使用 JOIN…ON 连接词替换了例 4.22 中 WHERE 子句中的连接条件。内连接与等值连接效果相同，仅当两个表中都至少有一行符合连接条件时，内连接才返回行。

（2）外连接 OUTER JOIN

外连接是指连接关键字 JOIN 后面表中指定列连接在前一表中指定列的左边或右边，如果两个表中指定列没有匹配行，则返回空值。

外连接的结果不但包含满足连接条件的行，还包含相应表中的所有行。外连接有三种形式，其中的 OUTER 可以省略。

①　左外连接（LEFT OUTER JOIN 或 LEFT JOIN）

结果表中除了包括满足连接条件的行外，还包括左表的所有行，即包含左边表的全部行（不管右边的表中是否存在与它们匹配的行），以及右边表中全部满足条件的行。

②　右外连接（RIGHT OUTER JOIN 或 RIGHT JOIN）

结果表中除了包括满足连接条件的行外，还包括右表的所有行，即包含右边表的全部行（不管左边的表中是否存在与它们匹配的行），以及左边表中全部满足条件的行。

③　全外连接（FULL OUTER JOIN 或 FULL JOIN）

结果表中除了包括满足连接条件的行外，还包括两个表的所有行，即包含左、右两个表的全部行，不管另外一边的表中是否存在与它们匹配的行，即全外连接将返回两个表的所有行。

在现实生活中，参照完整性约束可以减少对全外连接的使用，一般情况下，左外连接就足够了。但在数据库中没有利用清晰、规范的约束来防范错误数据的情况下，全外连接就变得非常有用了，可以用它来清理数据库中的数据。

【例 4.24】　分别用左外连接和右外连接查询 student 表和 sc 表中的学生的 sno、cno、sname 和 grade。比较查询结果的区别并分析。

左外连接 T-SQL 语句如下：

```
SELECT student.sno, cno, sname, grade
    FROM student LEFT JOIN sc ON sc.sno=student.sno
```

右外连接 T-SQL 语句如下：

```
SELECT student.sno, cno, sname, grade
    FROM student RIGHT JOIN sc ON sc.sno=student.sno
```

两者的运行结果不完全相同，左外连接以 student 表为准，包含 student 表中的所有数据，而只在 sc 表中存在的数据将不出现在查询结果中；右外连接以 sc 表为准，包含 sc 表中的所有数据，而只在 student 表中存在的数据将不出现在查询结果中。

（3）交叉连接（CROSS JOIN）

交叉连接即两个表的笛卡尔积，其返回结果是由第一个表的每行与第二个表的所有行组合后形成的表，因此，数据行数等于第一个表中符合查询条件的数据行数乘以第二个表中符合查询条件的数据行数。交叉连接关键字 CROSS JOIN 后不跟 ON 短语引出的连接条件。

4.2.3　嵌套查询

在 SELECT 查询语句中，一条 SELECT…FROM…WHERE 语句称为一个查询块。将一个查询块嵌套在另一个查询块的 WHERE 子句或 HAVING 短语的条件中的查询称为嵌套查询。

嵌套查询中，处于内层的查询称为子查询，处于外层的查询称为父查询。任何允许使用表达式的地方都可以使用子查询。T-SQL 语句支持子查询，正是 SQL 结构化的具体体现。

子查询 SELECT 语句必须放在括号中，使用子查询的语句实际上执行了两个连续查询，而且查询的结果作为第二个查询的搜索值。可以用子查询来检查或设置变量和列的值，或者用子查询来测试数据行是否存在于 WHERE 子句中。需要注意的是：ORDER BY 子句只能对最终查询结果排序，即在子查询中的 SELECT 语句中不能使用 ORDER BY 子句。

（1）使用 IN 关键字的子查询

由于子查询的结果是记录的集合，故常用谓词 IN 来实现。

IN 谓词用于判断一个给定值是否在子查询的结果集中。当父查询表达式与子查询的结果集中的某个值相等时，返回 TURE，否则返回 FALSE。同时，还可以在 IN 关键字之前使用 NOT，表示表达式的值不在查询结果集中。

【例 4.25】　查询至少有一门课程不及格的学生信息。

T-SQL 语句如下：

```
SELECT * FROM student WHERE sno IN
    (SELECT sno FROM sc WHERE grade<60)
```

分析：在执行包含子查询的 SELECT 语句时，系统先执行子查询，产生一个结果表。在本例中，系统先执行子查询，得到所有不及格学生的 sno，再执行父查询，如果 student 表中某行的 sno 值等于子查询结果表中的任意一个值，则该行就被选择。

（2）使用比较运算符的子查询

使用带有比较运算符的子查询，是当用户能够确切知道子查询返回的是单值时，可以在父查询的 WHERE 子句中，使用比较运算符进行比较查询。这种查询可以认为是 IN 子查询的扩展。

【例 4.26】　从 sc 表中查询王小华同学的考试成绩信息，显示 sc 表的所有字段。

T-SQL 语句如下：

```
SELECT * FROM sc WHERE sno=
    (SELECT sno FROM student WHERE sname='王小华')
```

（3）带有 ANY 或 ALL 关键字的子查询

使用 ANY 或 ALL 关键字对子查询进行限制。

ALL 代表所有值，ALL 指定的表达式要与子查询结果集中的每个值都进行比较，当表达式与每个值都满足比较的关系时，才返回 TRUE，否则返回 FALSE。

ANY 代表某些或某个值，表达式只要与子查询结果集中的某个值满足比较的关系时，就返回 TRUE，否则返回 FALSE。

【例 4.27】　查询考试成绩比王小华同学高的学生信息。

在例 4.26 的基础上进一步进行查询嵌套：如果使用 ANY，则查询结果是比王小华同学任一门成绩高的学生信息；使用 ALL，则查询结果是比王小华同学所有的成绩都要高的学生信息。

T-SQL 语句如下：

```
SELECT * FROM sc WHERE grade >ALL
    (SELECT grade FROM sc WHERE sno=
    (SELECT sno FROM student WHERE sname='王小华'))
go
SELECT * FROM sc WHERE grade >ANY
    (SELECT grade FROM sc WHERE sno=
    (SELECT sno FROM student WHERE sname='王小华'))
go
```

假设王小华的最高成绩为 98，最低成绩为 60。因此，使用 ALL 关键字，只显示高于 98 分的学生成绩；而使用 ANY 关键字，则显示了所有高于 60 分的学生成绩。

（4）使用 EXISTS 的子查询

EXISTS 称为存在量词，在 WHERE 子句中使用 EXISTS，表示当子查询的结果非空时，条件为 TRUE，反之则为 FALSE。EXISTS 前面也可以使用 NOT，表示检测条件为"不存在"。

EXISTS 语句与 IN 非常类似，它们都根据来自子查询的数据子集来测试列的值。不同之处在于，EXISTS 使用连接将列的值与子查询中的列连接起来，而 IN 不需要连接，它直接根据一组以逗号分隔的值进行比较。

【例 4.28】　查询没有选修 01 课程的学生的信息。

T-SQL 语句如下：

```
SELECT * FROM student WHERE NOT EXISTS
    (SELECT * FROM sc WHERE sno=student.sno AND cno='01')
```

4.2.4　集合查询

在标准 SQL 中，几何运算的关键字分别为 UNION（并）、INTERSECT（交）、MINUS 或 EXCEPT（差）。由于一个查询的结果是一个表，或者说是行的集合，因此，可以利用 SQL 的集合运算关键字，对两个或多个查询结果进行几何运算，这种查询称为集合查询。

T-SQL 支持集合的并（UNION）运算进行集合查询。需要注意的是：参与并运算操作的两个查询语句，其结果应该具有相同的字段个数，以及相同的对应字段的数据类型。

默认情况下，UNION 将从结果中集中删除重复的行。如果使用 ALL 关键字，那么结果中将包含所有行而不删除重复的行。

【例 4.29】 查询 CSAT 专业的女学生和 IM 专业的男学生信息。

T-SQL 语句如下：

```
SELECT * FROM student where sdept=N'CSAT' and ssex='女'
UNION
SELECT * FROM student where sdept=N'IM' and ssex='男'
```

4.3　实验 3——表的基本操作与数据查询

4.3.1　实验目的

1. 学会在 SSMS 中对表进行插入、修改和删除数据操作；
2. 学会使用 T-SQL 语句对表进行插入、修改和删除数据操作；
3. 掌握子查询；
4. 掌握连接查询；
5. 掌握 SELECT 语句的统计函数的功能和使用方法；
6. 掌握 SELECT 语句的 GROUP BY 和 ORDER BY 子句的功能和使用方法。

4.3.2　实验准备

1. 了解表的更新操作，即数据的插入、修改和删除，对表数据的操作可以在 SSMS 中进行，也可以由 T-SQL 语句实现；
2. 掌握 T-SQL 中用于对表数据进行插入（INSERT）、修改（UNDATE）和删除（DELETE）命令的方法；
3. 了解使用 T-SQL 语句在对表数据进行插入、修改及删除时，比在企业管理器中操作表数据灵活，功能更强大；
4. 了解 SELECT 语句的基本句法格式；
5. 了解子查询语句的表式方法；
6. 了解 SELECT 语句的统计函数的作用；
7. 了解 SELECT 语句的 GROUP BY 和 ORDER BY 子句的作用。

4.3.3　实验内容

1. 在 SSMS 中向数据库 YGKQ 中的表插入数据。
2. 使用 T-SQL 语句向 YGKQ 中的表插入数据。
3. 在 SSMS 中删除数据库 YGKQ 中的表数据。
4. 使用 T-SQL 语句删除数据库 YGKQ 中的表数据。
5. 在 SSMS 中修改数据库 YGKQ 中的表数据。
6. 使用 T-SQL 语句修改数据库 YGKQ 中的表数据。
7. SELECT 语句的基本使用：

（1）根据实验 2 给出的数据表的结构，查询每个职工的员工号、姓名、缺勤天数信息；

（2）查询员工号为 001 的员工的姓名和缺勤天数；

（3）查询所有姓"李"的员工的员工号、缺勤理由；

（4）找出所有缺勤天数为 2～3 天的员工号。

8．SELECT 语句的高级查询使用：

（1）查询缺勤名称为"病假"的员工的员工号和姓名；

（2）查找缺勤天数为两天的员工的员工号和缺勤名称；

（3）查询"事假"的总人数；

（4）求各缺勤类别的人数；

（5）将各员工的考勤情况按缺勤天数由高到低排序。

9．在实验 2 建立的 YGKQ 数据库中添加薪水信息表（XSXX）。

字　段　名	字　段　类　型	字　段　宽　度	说　明
员工号	CHAR	4	主键
基本工资	DEC	8	
奖金	DEC		
实发	DEC		
月份	INT	4	
备注	CHAR	80	

该表的内容如下：

员　工　号	基本工资	奖　金	实　发	月　份	备　注
001	1000	1000	2000	1	
002	1200	800	1800	1	
003	1300	1300	2600	1	
004	1200	500	1700	1	

第 5 章　安全性与完整性管理

数据库中数据的安全问题是数据库应用的核心问题之一，本章从数据保护的角度研究软件技术中可能实现的数据库可靠性保障机制。这种保障机制主要由数据库管理系统（DBMS）和操作系统共同来完成，具体包括数据库的安全性、完整性及数据库的备份和恢复。

5.1　数据库的安全性

数据库的一大特点是数据共享，但数据共享必然带来数据库的安全性问题。数据库系统中的数据共享不能是无条件的共享，必须是在 DBMS 统一的、严格的控制之下的共享，即只允许有合法使用权限的用户访问允许存取的数据。

5.1.1　数据库系统的安全性

数据库系统的安全性控制是指保护数据库，防止因用户非法使用数据库造成数据泄露、更改或破坏。

数据库系统自身的安全性控制主要由数据库管理系统进行访问控制来实现。目前比较流行和常用的关系数据库系统，如 SQL Server 和 Oracle 等，一般通过外模式或视图机制和授权机制来进行安全性控制。

1．外模式或视图机制

外模式或视图都是数据库的子集，它们可以提高数据的独立性，除此之外，因为对于某个用户来说，他只能接触到自己的外模式或视图，这样可以将其能看到的数据与其他数据隔离开，所以它们是一种重要的安全性措施。为不同的用户定义不同的视图，可以限制各个用户的访问范围。

2．授权机制

授权是给予用户一定的权限，这种访问权限是针对整个数据库和某些数据库对象的某些操作的特权。未经授权的用户若要访问数据库，则该用户被认定为非法用户；数据库的合法用户要访问其许可范围之外的数据或执行许可范围之外的操作，则被认定为是非法操作。

除了上述两种安全机制外，还可以使用数据加密和数据库系统内部的安全审核机制实现数据库的安全性控制。

5.1.2　SQL Server 2008 的安全机制

SQL Server 2008 的安全机制比较健全，它为数据库和应用程序设置了 4 层安全防线，用户想要获得数据，必须通过这 4 层安全防线。为 SQL 服务器提供两种安全验证模式，系统管理员可选择合适的安全验证模式。

1．SQL Server 2008 的安全体系结构

（1）操作系统的安全防线

在用户使用客户计算机通过网络实现对 SQL Server 服务器的访问时，用户首先要获得客户计算机操作系统的使用权。

（2）服务器的安全防线

SQL Server 服务器的安全性是建立在控制服务器登录账号和口令的基础上的。SQL Server 采用标准的 SQL Server 登录和集成 Windows 登录两种方式，无论哪种登录方式，用户在登录后才能获得对 SQL Server 服务器的访问权。

（3）SQL Server 数据库的安全防线

在用户通过 SQL Server 服务器的安全性检查以后，将直接面对不同的数据库入口。在默认情况下，只有数据库的所有者才可以访问数据库中的对象，数据库的所有者可以给其他用户分配访问权限，以让其他用户也拥有该数据库的访问权。

（4）SQL Server 数据库对象的安全防线

数据库对象的安全性是核查用户权限的最后一个安全等级。在创建数据库对象时，SQL Server 自动将该数据库对象的所有权赋予创建者，对象的所有者也可以实现对该对象的完全控制。

2．SQL Server 2008 的身份验证模式

安全身份验证用来确认登录 SQL Server 的用户的登录账号和密码的正确性，由此来验证该用户是否具有连接 SQL Server 的权限，如图 5.1 所示。SQL Server 2008 有两种身份验证模式：Windows 验证模式和 SQL Server 验证模式。

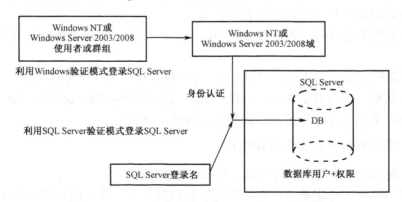

图 5.1　Windows 验证模式和 SQL Server 验证模式

（1）Windows 验证模式

用户登录 Windows 时进行身份验证，登录 SQL Server 时就不再进行身份验证。

建立 Windows 验证模式的登录名，步骤如下。

第 1 步：创建 Windows 的用户。

以管理员身份登录 Windows 操作系统，选择"开始"菜单，打开控制面板中的"添加或删除账户"，进入"管理账户"窗口。

在该窗口中选择"创建一个新账户"，根据向导，在后续窗口中输入用户名、密码，完成新用户的创建。

第 2 步：将 Windows 账户加入到 SQL Server 中。

以管理员身份登录到 SQL Server Management Studio，在对象资源管理器中，找到并选择"登录名"。右击鼠标，在弹出的快捷菜单中选择"新建登录名"命令，打开"登录名-新建"窗口。

通过单击"常规"选项卡的"搜索"按钮，在"选择用户或组"对话框中选择相应的用户名或用户组，并添加到 SQL Server 2008 登录用户列表中。

（2）SQL Server 验证模式

在 SQL Server 验证模式下，SQL Server 服务器要对登录的用户进行身份验证。当 SQL Server 在 Windows XP 或 Windows 7 等操作系统上运行时，系统管理员可设定登录验证模式的类型为 Windows 验证模式和混合模式。

建立 SQL Server 验证模式的登录名，步骤如下。

第 1 步：以系统管理员身份登录 SQL Server Management Studio，在对象资源管理器中选择要登录的 SQL Server 服务器图标，右击鼠标，在弹出的快捷菜单中选择"属性"命令，打开"服务器属性"窗口。

第 2 步：在打开的"服务器属性"窗口中选择"安全性"选项卡。选择服务器身份验证为"SQL Server 和 Windows 身份验证模式"，单击"确定"按钮，保存新的配置，重启 SQL Server 服务即可。

创建 SQL Server 验证模式的登录名在"登录名-新建"窗口中进行，输入一个自己定义的登录名，选中"SQL Server 身份验证"选项，输入密码，并将"强制密码过期"复选框中的勾去掉，设置完单击"确定"按钮即可。

为了测试创建的登录名能否连接 SQL Server，可以使用新建的登录名来进行测试，具体步骤如下。

在对象资源管理器窗口中单击"连接"，在下拉框中选择"数据库引擎"，弹出"连接到服务器"对话框。在该对话框中，"身份验证"选择"SQL Server 身份验证"，填写登录名，输入密码，单击"连接"按钮，就能连接 SQL Server 了。

3．设置 SQL Server 的安全验证模式

用户可以在 SSMS 中设置验证模式，操作步骤如下。

（1）启动 SSMS，右键单击要设置验证模式的服务器，从弹出的快捷菜单中选择"属性"命令。

（2）打开 SQL Server "服务器属性"对话框（如图 5.2 所示），选择"安全性"选项页。

（3）在"服务器身份验证"选项栏中，可以选择要设置的验证模式，同时在"登录审核"中还可以选择跟踪记录用户登录时的哪种信息，如登录成功或登录失败的信息等。

（4）在"服务器代理账户"选项栏中设置当启动并运行 SQL Server 时，默认的登录者是哪一位用户。

图 5.2 "服务器属性"对话框

5.1.3 用户和角色管理

SQL Server 用户和角色分为两级：一种为服务器级用户和角色；另一种是数据库级用户和角色。

1. 登录用户的管理

登录（Login）用户即 SQL 服务器用户。服务器用户通过账号和口令访问 SQL Server 的数据库。SQL Server 2008 有一些默认的登录用户，其中 Sa 和 BUILTIN/Administors 最重要。Sa 是系统管理员的简称，BUILTIN/Administors 是 Windows 管理员的简称，它们是特殊的用户账号，拥有 SQL Server 系统上所有数据库的全部操作权限。

2. 数据库用户的管理

数据库中的用户账号和登录账号是两个不同的概念。一个合法的登录账号只表明该账号通过了 Windows 认证或 SQL Server 认证，不能表明其可以对数据库数据和对象进行操作。一个登录账号总是与一个或多个数据库用户账号相对应，即一个合法的登录账号必须要映射为一个数据库用户账号，才可以访问数据库。SQL Server 的任何一个数据库中都有两个默认用户：dbo（数据库拥有者）和 guest（客户用户）。

　　dbo 用户即数据库拥有者，dbo 在其所拥有的数据库中拥有所有的操作权限。dbo 的身份可被重新分配给另一个用户，系统管理员 sa 可以作为他所管理系统的任何数据库的 dbo 用户。如果 guest 用户在数据库中存在，则允许任意一个登录用户作为 guest 用户访问数据库，其中包括那些不是数据库用户的 SQL 服务器用户。

　　使用 SSMS 创建数据库用户账户的步骤如下。

　　以系统管理员身份连接 SQL Server，展开"数据库"→…→"安全性"节点，选择"用户"节点，右击鼠标，选择"新建用户"命令，进入"数据库用户-新建"窗口，如图 5.3 所示。在"用户名"框中填写一个数据库用户名，在"登录名"框中填写一个能够登录 SQL Server 的登录名。

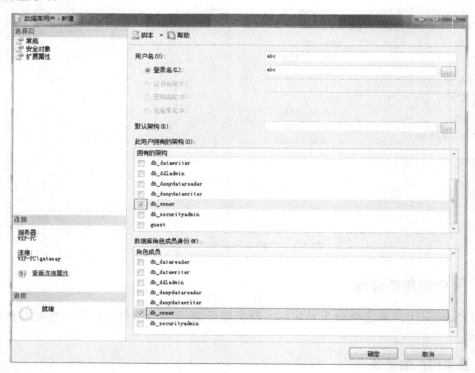

图 5.3　新建用户对话框

　　注意：一个登录名在本数据库中只能创建一个数据库用户。选择默认架构为 db_owner，单击"确定"按钮完成创建。

3．服务器角色的管理

　　SQL Server 管理者可以将某一组用户设置为某一角色，这样只要对角色进行权限设置，便可以实现对所有用户权限的设置，大大减少了管理员的工作量。登录账户可以被指定给角色，因此，角色又是若干账户的集合。角色又分为服务器角色和数据库角色两种。

　　（1）服务器角色的基本概念

　　服务器角色是指根据 SQL Server 的管理任务，以及这些任务相对的重要性等级来把具有 SQL Server 管理职能的用户划分为不同的用户组，每组所具有的管理 SQL Server 的权限都是 SQL Server 内置的。服务器角色存在于各个数据库之中，要想加入用户，该用户必须有登录账号以便加入到角色中。

（2）常用的固定服务器角色

SQL Server 2008 提供了 8 种常用的固定服务器角色，其具体含义如下。

① 系统管理员（Sysadmin）：拥有 SQL Server 所有的权限许可，为最高管理角色。这个角色一般适合于数据库管理员（DBA）；

② 服务器管理员（Serveradmin）：管理 SQL Server 服务器端的设置；

③ 磁盘管理员（Diskadmin）：管理磁盘文件；

④ 进程管理员（Processadmin）：管理 SQL Server 系统进程；

⑤ 安全管理员（Securityadmin）：管理和审核 SQL Server 系统登录；

⑥ 安装管理员（Setupadmin）：增加、删除连接服务器，建立数据库复制及管理扩展存储过程；

⑦ 数据库创建者（Dbcreator）：创建数据库，并对数据库进行修改；

⑧ 批量数据输入管理员（Bulkadmin）：管理同时输入大量数据的操作。

4．数据库角色管理

数据库角色是为某一用户或某一组用户授予不同级别的管理或访问数据库及数据库对象的权限而创建的，这些权限是数据库用户所专有的，每个角色对应着一组权限，可以给一个用户授予属于同一数据库的多个角色。SQL Server 提供了两种类型数据库角色：固定的数据库角色和用户自定义的数据库角色。

（1）固定的数据库角色

固定的数据库角色是指 SQL Server 已经定义了这些角色所具有的管理、访问数据库的权限，而且 SQL Server 管理者不能对其所具有的权限进行任何修改。SQL Server 中的每个数据库中都有一组固定的数据库角色，在数据库中使用固定的数据库角色可以将不同级别的数据库管理工作分给不同的角色，从而有效地实现权限的传递。

（2）用户自定义的数据库角色

创建用户定义的数据库角色就是创建一组用户，这些用户具有相同的一组许可。如果一组用户需要执行在 SQL Server 中指定的一组操作并且不存在对应的 Windows 组，或者没有管理 Windows 用户账号的许可，就可以在数据库中建立一个用户自定义的数据库角色。用户自定义的数据库角色有两种类型：标准角色和应用程序角色。

标准角色通过对用户权限等级的认定而将用户划分为不用的用户组，使用户总是相对于一个或多个角色，从而实现管理的安全性。所有固定的数据库角色或 SQL Server 管理者自定义的某一角色都是标准角色。

对象资源管理器创建数据库角色，其过程如下。

第 1 步：创建数据库角色。以 Windows 系统管理员身份连接 SQL Server，在对象资源管理器中展开"数据库"，选择要创建角色的数据库→"安全性"→"角色"节点，右击鼠标，在弹出的快捷菜单中选择"新建"命令，在弹出的子菜单中选择"新建数据库角色"命令。

第 2 步：将数据库用户加入数据库角色。当数据库用户成为某一数据库角色的成员之后，该数据库用户就获得该数据库角色所拥有的对数据库操作的权限。

将用户加入自定义数据库角色的方法与将用户加入固定数据库角色的方法类似，不再重复。

5.1.4 权限管理

1．权限的类型

SQL Server 中包括三种类型的权限：对象权限、语句权限和预定义权限。

（1）对象权限

对象权限表示对特定的数据库对象（表、视图、字段和存储过程）的操作权限，它决定了能对表、视图等数据库对象执行哪些操作。

（2）语句权限

语句权限表示对数据库的操作权限，也就是说，创建数据库或创建数据库中的其他内容所需要的权限类型称为语句权限。

（3）预定义权限

预定义权限是指系统安装以后有些用户和角色不必授权就有的权限。

2．权限的管理

权限的管理主要是完成对权限的授权、拒绝和回收。

授予权限：允许某个用户或角色对一个对象执行某种操作或语句。使用 SQL 语句 GRANT 来实现。

拒绝权限：拒绝某个用户或角色对一个对象进行某种操作。使用 SQL 语句 DENY 实现。

取消权限：不允许某个用户或角色对一个对象执行某个操作或语句。用 SQL 语句的 REVOKE 实现。

其中，不允许和拒绝是不同的。不允许执行某个操作，可以通过间接授权来获得相应的权限；而拒绝执行某种操作，间接授权无法起作用，只有通过直接授权才能改变。

5.2 数据库的完整性

为了防止数据库中的数据发生错误，保证数据的完整性，数据库管理系统必须建立相应的机制，对进入数据库的数据或更新的数据进行校验，以保证数据库中的数据都符合语义规定。在这里主要使用约束、规则和默认值来保证数据的完整性。

5.2.1 数据完整性的基本概念

1．数据的完整性

数据完整性（Data Integrity）是指数据的正确性和相容性。数据完整性主要包括实体完整性、域完整性和参照完整性。

（1）**实体完整性**（Entity Integrity）

实体完整性也称为行完整性，要求表中的每行必须是唯一的，即表中有一个主键，其值不能为空且能唯一地标识对应的记录。通过索引、UNIQUE 约束、PRIMARY KEY 约束或 IDENTITY 属性可实现数据的实体完整性。

（2）**域完整性**（Domain Integrity）

域完整性也称为列完整性，是保证数据库中的数据取值的合理性，即指定一个数据集的某个列是否有效和确定是否允许为空值。实现域完整性的方法有：限制类型（通过数据类型）、格式（通过 CHECK 约束和规则）或可能的取值范围（通过 CHECK 约束、DEFALUT 定义、NOT NULL 定义和规则）等。

CHECK 约束通过限制输入到列中的值来实现域完整性；DEFAULT 定义后，如果列中没有输入值，则填充默认值来实现域完整性；通过定义列为 NOT NULL 限制输入的值不能为空，也能实现域完整性。

（3）**参照完整性**（Referential Integrity）

参照完整性又称为引用完整性。参照完整性保证主表（参照表）中的数据和从表（被参照表）中数据的一致性。

如果定义了两个表之间的参照完整性，则要求：

①从表不能引用主表中不存在的键值。例如，CJB 表中行记录出现的学号必须是 XSB 表中已存在的学号。

②如果主表中的键值更改了，那么在整个数据库中，对从表中该键值的所有引用要进行一致的更改。例如，如果对 XSB 表中的某一学号修改，则 CJB 表中所有对应学号也要进行相应的修改。

③如果主表中没有关联的记录，则不能将记录添加到从表。

约束（Constraint）定义关于列中允许值的规则，是强制完整性的标准机制。使用约束其优先级高于触发器、规则和默认。

2．约束的类型

（1）PRIMARY KEY 约束

主键（PRIMARY KEY）是表中一列或多列的组合，其值能唯一地标识表中的每一行，通过它可以强制表的实体完整性。

（2）CHECK 约束

验证约束，用于限制输入到一列或多列的值的范围或数据格式，从逻辑表达式判断数据的有效性。

（3）DEFAULT 约束

默认约束，用于设置新记录的默认值。

（4）FOREIGN KEY 约束

外键（FOREIGN KEY）用于建立和加强两个表（参照表和被参照表）中一列或多列数据间的连接。当添加、修改或删除数据时，通过外键约束保证两个表之间数据的一致性。

（5）UNIQUE 约束

唯一约束，控制字段内容不能重复，一个表允许有多个 Unique 约束，即可以为多个字段创建 Unique 约束。

5.2.2　实体完整性的实现

实体完整性主要通过 PRIMARY KEY 约束和 UNIQUE 约束实现。如果 PRIMARY KEY 约束由多列组合定义，定义中的所有列的组合值必须唯一，但其中某列的值可以重复；如果要确保表中的非主键列值不重复，应在该列上定义 UNIQUE 约束。

PRIMARY KEY 约束与 UNIQUE 约束的主要区别如下。

（1）一个数据表只能创建一个 PRIMARY KEY 约束，但一个表中可根据需要为表中多个列创建 UNIQUE 约束。

（2）PRIMARY KEY 字段的值不允许为 NULL，而 UNIQUE 字段的值可取 NULL。

（3）在创建 PRIMARY KEY 约束时，系统会自动产生一个聚集索引。在创建 UNIQUE 约束时，系统会自动产生一个 UNIQUE 索引，该索引为非聚集索引。

1.　在 SSMS 图形界面创建和删除主键约束

（1）创建主键约束

如果要对数据库中的某个表创建 PRIMARY KEY（主键）约束，则可以按照之前章节的创建表中所介绍的设置主键的步骤进行。

在创建主键时，系统将自动创建一个名称以 "PK_" 为前缀、后跟表名的主键索引，系统自动按聚集索引方式组织主键索引。

（2）删除主键约束

如果要删除表中的 PRIMARY KEY 约束，可按如下步骤进行：在对象资源管理器中选择目标表节点，单击鼠标右键，在弹出的快捷菜单中选择 "设计" 命令，进入 "表设计器" 窗口。选中 "表设计器" 窗口中主键所对应的行，右击鼠标，在弹出的快捷菜单中选择 "删除主键" 命令即可。

2.　在 SSMS 图形界面创建和删除唯一性约束

（1）创建唯一性约束

在对象资源管理器中进入目标表的 "表设计器" 窗口，选择目标属性列并单击鼠标右键，在弹出的快捷菜单中选择 "索引/键" 命令，打开 "索引/键" 窗口。

在窗口中单击 "添加" 按钮，并在右边的 "标识" 属性区域的 "名称" 栏中输入唯一键的名称（用系统默认的名或重新取名）。在 "常规" 属性区域的 "类型" 栏通过下拉列表选择类型为 "唯一键"，在下一行 "列" 栏中选择要创建约束的列，确认无误后关闭该窗口即可，如图 5.4 所示。

（2）删除唯一性约束

打开 "索引/键" 窗口，在左侧的清单中选中要删除的 UNIQUE 约束，单击左下方的 "删除" 按钮，单击 "关闭" 按钮，保存表的修改即可。

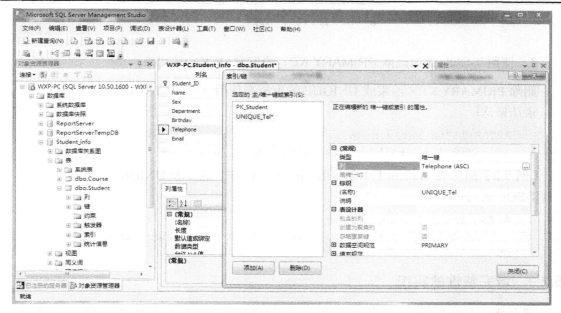

图 5.4　索引/键窗口

3. 使用 T-SQL 语句创建 PRIMARY KEY 约束或 UNIQUE 约束

使用 T-SQL 语句设置 PRIMARY KEY 约束的语法形式如下：

```
CONSTRAINT constraint_name
    PRIMARY KEY [CLUSTERED|NONCLUSTERED]
    (column_name[,...n])
```

使用 T-SQL 语句设置 UNIQUE 约束的语法形式如下：

```
CONSTRAINT constraint_name
    UNIQUE [CLUSTERED|NONCLUSTERED]
    (column_name[,...n])
```

以上两条 T-SQL 语句可以放在 CREATE TABLE 语句中，在创建表的同时定义约束，也可以放在 ALTER TABLE 语句中，通过 ADD 子句向已存在的表中进行添加。

【例 5.1】　创建表 Student1，并对学号字段 Student_No 创建 PRIMARY KEY 约束，对姓名字段 Student_Name 定义 UNIQUE 约束。

```
USE Student_Info
GO
CREATE TABLE Student1
(
    Student_No char(6) NOT NULL CONSTRAINT PK_S1_StudentNo PRIMARY KEY,
    Student_Name char(8) NOT NULL CONSTRAINT UK_S1_StudentName UNIQUE,
    Student_Sex char(2) NULL,
    Student_Birthday date NULL,
    Student_ClassNo char(6) NULL,
    Student_Telephone varchar(13) NULL,
    Student_Email varchar(15) NULL,
```

```
        Student_Address varchar(30) NULL
)
```

4. 使用 T-SQL 语句删除 PRIMARY KEY 约束或 UNIQUE 约束

删除 PRIMARY KEY 约束或 UNIQUE 约束需要使用 ALTER TABLE 的 DROP 子句。
语法格式：

```
ALTER TABLE table_name
    DROP CONSTRAINT constraint_name [ ,...n ]
```

【例 5.2】删除表 Student1 中创建的 PRIMARY KEY 约束和 UNIQUE 约束。
T-SQL 语句：

```
ALTER TABLE Student1
    DROP CONSTRAINT PK_S1_StudentNo, UK_S1_StudentName
GO
```

5.2.3　域完整性的实现

域完整性主要由用户定义的完整性组成，通常使用有效性检查强制域完整性。通常可以使用 CHECK 约束、DEFAULT 约束和规则来实现域完整性。

1. CHECK 约束

CHECK 约束实际上是字段输入内容的验证规则，表示一个字段的输入内容及数据格式必须满足 CHECK 约束的条件，若不满足，则数据无法有效输入。

（1）在 SSMS 图形界面创建与删除 CHECK 约束

①创建 CHECK 约束

第 1 步：启动 SQL Server Management Studio，在对象资源管理器中展开"数据库"→<数据库名>→"表"节点，选择目标表，单击鼠标右键，在出现的快捷菜单中选择"设计"命令。

第 2 步：在打开的"表设计器"窗口中选择要创建约束的属性列，单击鼠标右键，在弹出的快捷菜单中选择"CHECK 约束"命令。

第 3 步：如图 5.5 所示，在打开的"CHECK 约束"窗口中，单击"添加"按钮，添加一个 CHECK 约束。在"常规"属性区域中的"表达式"栏后面单击"…"按钮（或直接在文本框中输入内容），打开"CHECK 约束表达式"窗口，并编辑相应的 CHECK 约束表达式。

第 4 步：单击"确定"按钮，完成 CHECK 约束表达式的编辑，返回到"CHECK 约束"窗口中。在"CHECK 约束"窗口中选择"关闭"按钮，并保存修改，完成"CHECK 约束"的创建。

②删除 CHECK 约束

第 1 步：在 SSMS 中打开的目标表的"表设计器"窗口，选择要创建约束的属性列，单击鼠标右键，在弹出的快捷菜单中选择"CHECK 约束"命令。

第 2 步：在打开的 "CHECK 约束"窗口中左侧的约束清单中，选择要删除的约束，单击窗口下部的"删除"按钮，即可完成删除。

图 5.5　CHECK 约束窗口

（2）使用 T-SQL 语句创建或删除 CHECK 约束

①创建 CHECK 约束

用户可以在创建表或修改表的同时定义 CHECK 约束。其语法形式如下：

```
CONSTRAINT constraint_name
  CHECK [NOT FOR REPLICATION]
    (logical_expression)
```

也可以放在 ALTER TABLE 语句中，通过 ADD 子句向已存在的表中进行添加。

【例 5.3】　修改表 Student1，对性别字段 Sex 加上 CHECK 约束，只能包含"男"或"女"；对出生日期字段 Birthday 加上 CHECK 约束，要求出生日期必须大于 1995 年 1 月 1 日。

T-SQL 语句如下：

```
USE Student_Info
GO
ALTER TABLE Student1
    ADD CONSTRAINT CK_S1_Sex CHECK (Sex IN ('男', '女')),
    CONSTRAINT CK_S1_Birthday CHECK (Birthday>'1985-01-01')
GO
```

②删除 CHKCK 约束

使用 ALTER TABLE 语句的 DROP 子句可以删除 CHECK 约束。其语法格式如下：

```
ALTER TABLE table_name
    DROP CONSTRAINT check_name
```

【例 5.4】　删除表 Student1 中出生日期字段的 CHECK 约束。

在查询窗口中输入如下 T-SQL 语句：

```
ALTER TABLE Student1
    DROP CONSTRAINT CK_S1_Birthday
GO
```

2．DEFAULT 约束

DEFAULT 约束也是强制实现域完整性的一种手段，定义 DEFAULT 约束需要注意：

● 表中的每列都可以包含一个 DEFAULT 约束，但每列只能有一个 DEFAULT 约束；
● DEFAULT 约束不能引用表中的其他列，也不能引用其他表、视图或存储过程；
● 不能对数据类型为 timestamp 的列或具有 IDENTITY 属性的列创建 DEFAULT 约束；
● 不能对使用用户定义数据类型的列创建 DEFAULT 约束。

（1）在 SSMS 图形界面创建与删除 DEFAULT 约束

第 1 步：在"对象资源管理器"中，展开所要目标表节点，单击鼠标右键该数据库节点，在弹出的快捷菜单中选择"设计表"命令。

第 2 步：在 SMSS 中部的设计表窗口中，选中目标列，在下部的"列属性"区域选中"默认值或绑定"行，设置、修改或删除默认值，关闭设计表窗口，保存修改即可。

（2）使用 T-SQL 语句创建 DEFAULT 约束

创建 DEFAULT 约束的语法形式如下：

```
CONSTRAINT constraint_name
    DEFAULT constraint_expression [FOR column_name]
```

【例 5.5】 修改表 Student1，对性别字段 Sex 加上 DEFAULT 约束，默认值为"男"。

T-SQL 语句如下：

```
ALTER TABLE Student1
    ADD CONSTRAINT DF_S1_Sex DEFAULT '男' FOR Sex
GO
```

（3）使用 T-SQL 语句删除 DEFAULT 约束

使用 ALTER TABLE 语句的 DROP 子句可以删除 DEFAULT 约束。其语法格式如下：

```
ALTER TABLE table_name
    DROP CONSTRAINT default_name
```

【例 5.6】 删除表 Student1 中性别字段的 DEFAULT 约束。

在查询窗口中输入如下 T-SQL 语句：

```
ALTER TABLE Student1
    DROP CONSTRAINT DF_S1_Sex
GO
```

3．规则

规则是一组使用 T-SQL 语句组成的条件语句，规则提供了另外一种在数据库中实现域完整性与用户定义完整性的方法。

规则和 CHECK 约束功能类似，只不过规则可用于多个表中的列，以及用户自定义的数据类型，而 CHECK 约束只能用于它所限制的列。一列上只能使用一个规则，但可以使用多个 CHECK 约束。规则一旦定义为对象，就可以被多个表的多列所引用。

使用规则时需注意：

● 规则不能绑定到系统数据类型上；

- 规则只能在当前数据库中创建；
- 规则必须与列的数据类型兼容；
- 规则不能绑定到 image、text、timestamp 数据类型的类上；
- 使用字符和日期常量时，要用单引号括起来，十六进制常量前要加"0X"。

规则对象的使用方法包括定义规则和绑定规则两步。

（1）规则对象的定义

在 SQL Server 2008 中，规则对象的定义可以利用 CREATE RULE 语句来实现。定义规则对象的语法格式如下：

```
CREATE RULE [ schema_name. ] rule_name
    AS condition_expression
```

（2）将规则对象绑定到用户定义数据类型或列

将规则对象绑定到列或用户定义数据类型中，可以使用系统存储过程 sp_bindrule。
语法格式：

```
sp_bindrule [ @rulename = ] 'rule' ,
   [ @objname = ] 'object_name'
   [ , [ @futureonly = ] 'futureonly_flag' ]
```

【例 5.7】 创建一个规则，并绑定到职称表 Title 的职称编号字段，用于限制职称编号的输入范围。

T-SQL 语句如下：

```
CREATE RULE R_ TitleCode
    AS @range LIKE '[0][1-4]'
GO
EXEC sp_bindrule 'R_TitleCode', 'Title.Title_Code '
GO
```

（3）规则对象的删除

在删除规则对象前，首先应使用系统存储过程 sp_unbindrule 解除被绑定对象与规则对象之间的绑定关系，使用格式如下：

```
sp_unbindrule [@objname =] 'object_name'
    [, [@futureonly =] 'futureonly_flag']
```

在解除列或自定义类型与规则对象之间的绑定关系后，就可以删除规则对象了。
语法格式：

```
DROP RULE { [ schema_name . ] rule_name } [ ,...n ] [ ; ]
```

【例 5.8】 解除规则 R_TitleCode 与字段的绑定关系，并删除规则对象 R_TitleCode。
在查询窗口中输入如下 T-SQL 语句：

```
EXEC sp_unbindrule 'Title.Title_Code '
GO
DROP RULE R_ TitleCode
GO
```

4．默认

与规则类似，默认值对象（简称默认）的优点也是仅创建一次就可以绑定到数据库的多个表的列或用户自定义数据类型中，使它们共享默认。

（1）创建默认

创建默认的语法格式如下：

```
CREATE DEFAULT default_name AS default_expression
```

命令说明：
- default_name 是符合 SQL Server 标识符规则的默认值名称。
- default_expression 是常量，用于指出默认值的具体数值或字符串。

（2）绑定默认

绑定默认的语法格式如下：

```
sp_bindefault default_name , 'table_name.column_name '
```

或

```
sp_bindefault default_name,'user_defined_datatype'[,'futureonly_flag']
```

命令说明：
①default_name 为默认值数据库对象的名称。
②其他语法项目的用法与规则类似。
③解除绑定。

解除默认绑定的语法格式如下：

```
sp_unbindefault 'table_name.column_name'
```

或

```
sp_unbindefault 'user_defined_datatype' [ , 'futureonly_ flag' ]
```

④删除默认。

删除默认之前要先解除默认绑定。删除默认的语法格式如下：

```
DROP DEFAULT default_name
```

⑤使用 SSMS 图形化界面管理默认值对象。

与管理规则类似，在对象资源管理器中展开指定数据库节点，在下级节点单击"默认"，在窗口右边可以看到当前数据库中的所有默认值对象。右键单击"默认"，从弹出的快捷菜单中选择"新建默认"命令，在弹出的窗口输入默认名称及其取值。或右键单击某个现有的默认值对象，从弹出的快捷菜单中选择"属性"命令，可以查看、修改或绑定该默认值对象。注意在修改之前需要解除绑定。

5.2.4　参照完整性的实现

参照完整性的实现是通过定义外键与主键之间的对应关系来实现的。

1．使用 SSMS 界面定义表间的参照关系

例如，要实现表 Student 与表 SelectCourse 之间的参照完整性，操作步骤如下。

第 1 步：按照前面所介绍的方法定义主表的主键。由于之前在创建表时已经定义 Student 表中的"学号"字段为主键，所以这里就无须再定义主表的主键了。

第 2 步：启动 SQL Server Management Studio，在对象资源管理器中展开"数据库"→"Student_Info"，选择"数据库关系图"，单击鼠标右键，在出现的快捷菜单中选择"新建数据库关系图"命令，打开"添加表"窗口。

第 3 步：在出现的"添加表"窗口中选择要添加的表，本例中选择了表 Student 和表 SelectCourse。单击"添加"按钮完成表的添加，之后单击"关闭"按钮退出窗口。

第 4 步：如图 5.6 所示，在"数据库关系图设计"窗口中将鼠标指向主表的主键，并拖动到参考表，即将 Student 表中的"Student_ID"字段拖动到参考表 SelectCourse 中的"Student_ID"字段。

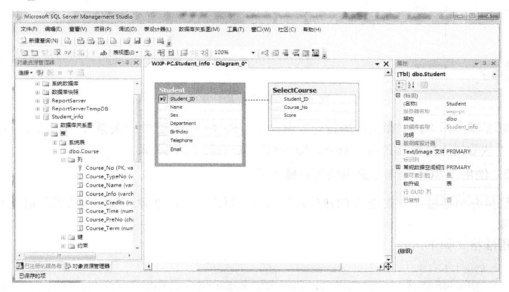

图 5.6　"数据库关系图设计"窗口

第 5 步：在弹出的"表和列"窗口中输入关系名，在主键表和外键表中通过下拉列表设置参考列，单击"确定"按钮，进入"外键关系"窗口，如图 5.7 所示；单击"外键关系"窗口中的"确认"按钮，完成表 Student 与表 SelectCourse 之间的参照完整性的设置。

第 6 步：单击"保存"按钮，在弹出的"选择名称"对话框中输入关系图的名称。单击"确定"按钮，在弹出的"保存"对话框中单击"是"按钮，保存设置。

如果要在以上 6 步的基础上再添加新表并建立相应的参照完整性关系，可以使用以下步骤：右键单击"数据库关系图设计"窗口的空白区域，选择"添加表"命令，在随后弹出的"添加表"窗口中添加新表，之后继续第 4、5、6 步，添加新的参照关系。

2．SSMS 界面删除表间的参照关系

如果要删除参照关系，可按以下步骤进行。

第 1 步：在目标数据库的"数据库关系图"目录下选择要修改的关系图，单击鼠标右键，在弹出的快捷菜单中选择"修改"命令，打开"数据库关系图设计"窗口。

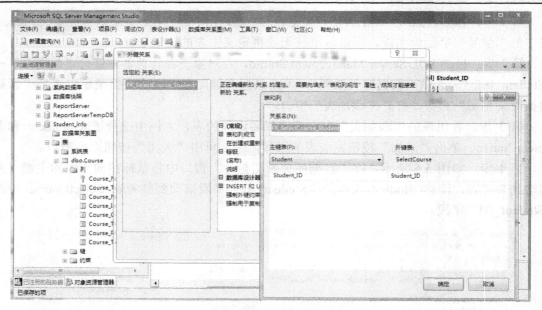

图 5.7　"外键关系"窗口

第 2 步：在"数据库关系图设计"窗口中，选择已经建立的"关系"，单击鼠标右键，选择"从数据库中删除关系"命令，即可删除该外键的参照关系。

3. 使用 T-SQL 语句定义表间的参照关系

这里介绍通过 T-SQL 命令创建外键的方法，用户可以在创建表或修改表的同时定义外键约束。

语法格式如下：

```
CONSTRAINT constraint_name
FOREIGN KEY(column_name[,...n])REFERENCES ref_table[(ref_column[,...n])]
```

其中，各参数的说明如下。

REFERENCES：用于指定要建立关联的表的信息。

ref_table：用于指定要建立关联的表的名称。

ref_column：用于指定要建立关联的表中相关列的名称。

【例 5.9】　使用 T-SQL 语句创建教师表 Teacher、授课表 TeachClass 与课程表 Course 之间的外键约束关系。

在查询窗口中输入如下 T-SQL 语句：

```
ALTER TABLE TeachClass
ADD
CONSTRAINT FK_TeachClass_Course FOREIGN KEY (TeachClass_CourseNo)
            REFERENCES Course (Course_No)
GO
ALTER TABLE TeachClass
ADD
CONSTRAINT FK_TeachClass_Teacher FOREIGN KEY(TeachClass_No)
```

```
                REFERENCES Teacher (Teacher_No)
    GO
```

4．使用 T-SQL 语句删除表间的参照关系

删除表间的参照关系，实际上删除从表的外键约束即可，语法格式与前面其他约束删除的格式类似。

【例 5.10】 删除例 5.9 定义的外键约束。

```
ALTER TABLE TeachClass
    DROP CONSTRAINT FK_TeachClass_Course, FK_TeachClass_Teacher
Go
```

5.3 数据库的备份和恢复

通过实现数据库的安全性和完整性，用户可以做到使数据安全保密、正确、完整和一致，但仍然难以避免其他原因使数据库出现故障或遭受破坏，因此，数据库管理系统需要数据备份和恢复机制来保证数据库遭受破坏时，将数据库恢复到离故障发生点最近的一个正确状态，从而尽可能减少损失。

5.3.1 基本概念

1．备份和恢复需求分析

数据库中的数据丢失或被破坏可能是由于以下原因。

（1）计算机硬件故障

又称为介质故障，由于系统掉电、使用不当或产品质量等原因，计算机硬件可能会出现故障，不能使用。

（2）软件故障

又称为系统故障，由于软件设计上的失误或用户使用的不当，软件系统可能会误操作数据，引起数据破坏。

（3）计算机病毒

计算机病毒是一种人为的故障或破坏。轻则使部分数据不正确，重则使整个数据库遭到破坏。

（4）用户操作错误

由于用户有意或无意的操作也可能删除数据库中的有用数据或加入错误的数据，这同样会造成一些潜在的故障。

2．数据库备份的基本概念

数据库备份记录了在进行备份这一操作时数据库中所有数据的状态，以便在数据库遭到破坏时能够及时地将其还原。执行备份操作必须拥有对数据库备份的权限许可，SQL Server 只允许系统管理员、数据库所有者和数据库备份执行者备份数据库。

（1）备份内容

数据库中数据的重要程度决定了数据恢复的必要性与重要性，也就决定了数据是否需要备份及如何备份。数据库需备份的内容可分为数据文件（又分为主要数据文件和次要数据文件）、日志文件两部分。

（2）备份数据库的时机

备份数据库，不但要备份用户数据库，也要备份系统数据库。

（3）备份数据库时限制的操作

SQL Server 2008 在执行数据库备份的过程中，允许用户对数据库继续操作，但不允许用户在备份时执行下列操作：创建或删除数据库文件、创建索引或不记日志的命令。

如果在系统正执行上述操作中的任何一种时试图进行备份，则备份进程不能执行。

（4）备份方法

数据库备份常用的两类方法是完全备份和差异备份。完全备份也称为海量备份，每次都备份整个数据库或事务日志；差异备份也称为增量备份，每次只备份自上次备份以来发生过变化的数据库的数据。差异备份也称为增量备份。

SQL Server 2008 中有两种基本的备份方式：一种是只备份数据库，另一种是备份数据库和事务日志，它们又都可以与完全或差异备份相结合。

3．数据库恢复的基本概念

数据库恢复是指将数据库备份重新加载到系统中的过程。

（1）准备工作

数据库恢复的准备工作包括系统安全性检查和备份介质验证。在进行恢复时，系统先执行安全性检查、重建数据库及其相关文件等操作，保证数据库安全地恢复，这是数据库恢复必要的准备，可以防止错误的恢复操作。

（2）执行恢复数据库的操作

用户可以使用 SSMS 或 T-SQL 语句执行恢复数据库的操作。

5.3.2　备份数据库

1．创建备份设备

（1）创建永久备份设备

若使用磁盘设备备份，那么备份设备实际上就是磁盘文件；若使用磁带设备备份，那么备份设备实际上就是一个或多个磁带。

创建备份设备有两种方法：使用 SSMS 或使用系统存储过程 sp_adddumpdevice。

①使用对象资源管理器创建永久备份设备

在 SSMS 中创建备份设备，步骤如下。

启动 SQL Server Management Studio，在对象资源管理器中展开"服务器对象"，选择"备份设备"。在"备份设备"的列表上可以看到已创建的备份设备，单击鼠标右键，在弹出的快捷菜单中选择"新建备份设备"命令。

在打开的"备份设备"窗口中分别输入备份设备的名称和完整的物理路径名，单击"确定"按钮，完成备份设备的创建。

用系统存储过程 sp_dropdevice 删除命名备份文件时，若被删除的"命名备份设备"的类型为磁盘，那么必须指定 DELFILE 选项，但备份设备的物理文件一定不能直接保存在磁盘根目录下。

②使用系统存储过程创建命名备份设备

执行系统存储过程 sp_addumpdevice 可以在磁盘或磁带上创建命名备份设备，也可以将数据定向到命名管道。

创建命名备份设备时，要注意以下几点。

a）SQL Server 2008 将在系统数据库 master 的系统表 sysdevice 中创建该命名备份设备的物理名和逻辑名。

b）必须指定该命名备份设备的物理名和逻辑名，当在网络磁盘上创建命名备份设备时，要说明网络磁盘文件路径名。

语法格式：

```
sp_addumpdevice [ @devtype = ] 'device_type' ,
    [@logicalname = ] 'logical_name' ,
    [ @physicalname = ] 'physical_name'
```

（2）创建临时备份设备

如果用户只要进行数据库的一次性备份或测试自动备份操作，那么就用临时备份设备。在创建临时备份设备时，要指定介质类型（磁盘、磁带）、完整的路径名及文件名称。可使用 T-SQL 的 BACKUP DATABASE 语句创建临时备份设备。对使用临时备份设备进行的备份，SQL Server 2008 系统将创建临时文件来存储备份的结果。

语法格式：

```
BACKUP DATABASE { database_name | @database_name_var }
    TO <backup_file> [,...n ]
```

2. 备份命令

（1）备份整个数据库

T-SQL 语句提供了 BACKUP 语句执行备份操作，语法形式如下：

```
BACKUP DATABASE { database_name | @database_name_var }
TO <backup_device> [ ,...n ]
[ [ MIRROR TO < backup_device > [ ,...n ] ] [ ...next-mirror ] ]
......
]
```

说明：

①database_name：指定需要备份数据库。

②TO 子句：表示伴随的备份设备组是一个非镜像媒体集，或者镜像媒体集中的镜像之一（如果声明一个或多个 MIRROR TO 子句）。

③MIRROR TO 子句：表示伴随的备份设备组是包含 2～4 个镜像服务器的镜像媒体集中的一个镜像。

（2）差异备份数据库

对于需频繁修改的数据库，进行差异备份可以缩短备份和恢复的时间。只有当已经执行了完全数据库备份后才能执行差异备份。在进行差异备份时，SQL Server 将备份从最近的完全数据库备份后数据库发生了变化的部分。

SQL Server 执行差异备份时需注意：

- 若在上次完全数据库备份后，数据库的某行被修改了，则执行差异备份只保存最后一次改动的值；
- 为了将差异备份设备与完全数据库备份设备区分开来，应使用不同的设备名。

语法格式：

```
BACKUP DATABASE { database_name | @database_name_var }
READ_WRITE_FILEGROUPS
[ , FILEGROUP = { logical_filegroup_name | @logical_filegroup_name_var }
      [ ,...n ] ]
TO <backup_device> [ ,...n ]
[ [ MIRROR TO < backup_device > [ ,...n ] ] [ ...next-mirror ] ]
[ WITH  DIFFERENTIAL ... ]
]
```

（3）备份数据库文件或文件组

当数据库非常大时，可以进行数据库文件或文件组的备份。使用数据库文件或文件组备份时，要注意以下几点：

- 必须指定文件或文件组的逻辑名；
- 必须执行事务日志备份，以确保恢复后的文件与数据库其他部分的一致性；
- 应轮流备份数据库中的文件或文件组，以使数据库中的所有文件或文件组都定期得到备份。

语法格式：

```
BACKUP DATABASE { database_name | @database_name_var }
<file_or_filegroup> [ ,...f ]            /*指定文件或文件组名*/
TO <backup_device> [ ,...n ]
[ [ MIRROR TO <backup_device> [ ,...n ] ] [ ...next-mirror ] ]
]
```

其中，

```
<file_or_filegroup>::=
{
    FILE = { logical_file_name | @logical_file_name_var }
    |FILEGROUP={logical_filegroup_name|@logical_filegroup_name_var}
}
```

（4）事务日志备份

当进行事务日志备份时，系统将事务日志中从前一次成功备份结束位置开始，到当前事务日志结尾处的内容进行备份。系统进行下列操作：

①将事务日志中从前一次成功备份结束位置开始,到当前事务日志结尾处的内容进行备份;

②标识事务日志中活动部分的开始,所谓事务日志的活动部分,是指从最近的检查点或最早的打开位置开始至事务日志的结尾处。

进行事务日志备份使用 BACKUP LOG 语句。

语法格式:

```
BACKUP LOG
...            /*其余选项与数据库的完全备份 BACKUP 相同*/
WITH
    { NORECOVERY | STANDBY = undo_file_name }
    [, NO_TRUNCATE ]
```

3. 在 SQL Server Management Studio 中进行备份

步骤如下:

第 1 步:启动 SQL Server Management Studio,在对象资源管理器中选择"管理",单击鼠标右键,在弹出的快捷菜单中选择"备份"命令。

第 2 步:在打开的"备份数据库"窗口中选择要备份的数据库名;在"备份类型"栏选择备份的类型,有三种类型:完整、差异、事务日志。

第 3 步:选择了数据库之后,窗口最下方的目标栏中会列出与目标数据库相关的备份设备。可以单击"添加"按钮在"选择备份目标"对话框中选择另外的备份目标(命名的备份介质的名称或临时备份介质的位置),有两个选项:"文件名"和"备份设备"。选择"备份设备"选项,在下拉框中选择需要将数据库备份到的目标备份设备,单击"确定"按钮。当然,也可以选择"文件名"选项,然后选择备份设备的物理文件来进行备份。

第 4 步:在"备份数据库"窗口中,将不需要的备份目标选择后单击"删除"按钮删除,单击"确定"按钮,执行备份操作。备份操作完成后,将出现提示对话框,单击"确定"按钮,完成所有步骤。

5.3.3　恢复数据库

1. 恢复数据库前的准备工作

在执行恢复操作前,应当验证备份文件的有效性,确认备份中是否含有数据库所需要的数据,关闭该数据库上的所有用户,备份事务日志。

(1)界面方式查看所有备份介质的属性

启动 SQL Server Management Studio,在对象资源管理器中展开"服务器对象",在其中的"备份设备"中选择欲查看的备份介质,单击鼠标右键,在弹出的快捷菜单中选择"属性"命令。

在打开的"备份设备"窗口中单击"媒体内容"选项卡,将显示所选备份介质的有关信息,如备份介质所在的服务器名、备份数据库名、备份类型、备份日期、到期日及大小等信息。

(2)在查询编辑器中运行下列语句可以得到有关备份介质的更详细的信息

RESTORE HEADERONLY 语句的执行结果是在特定的备份设备上检索所有备份集的所有备份首部信息。

RESTORE FILELISTONLY 语句可获得备份集内包含的数据库和日志文件列表组成的结果集信息。

RESTORE LABELONLY 语句可获得由有关给定备份设备所标识的备份媒体的信息组成的结果集信息。

RESTORE VERIFYONLY 语句可以检查备份集是否完整及所有卷是否都可读。具体语法格式与 RESTORE HEADERONLY 语句类似，这里不再列出。

2．使用 T-SQL 命令方式恢复数据库

（1）恢复整个数据库。在恢复整个数据库时，SQL Server 系统将重新创建数据库及与数据库相关的所有文件，并将文件存放在原来的位置。

（2）恢复数据库的部分内容。由于应用程序或用户的误操作，如无效更新或误删表格等，往往只影响到数据库的某些相对独立的部分。在这些情况下，SQL Server 提供了将数据库的部分内容还原到另一个位置的机制，以使损坏或丢失的数据可复制回原始数据库。

（3）恢复特定的文件或文件组。若某个或某些文件被破坏或被误删除，则可以从文件或文件组备份中进行恢复，而不必进行整个数据库的恢复。

（4）恢复事务日志。使用事务日志恢复，可将数据库恢复到指定的时间点。执行事务日志恢复必须在进行完全数据库恢复以后。

（5）恢复到数据库快照。可以使用 RESTORE 语句将数据库恢复到创建数据库快照时的状态。此时恢复的数据库会覆盖原来的数据库。

T-SQL 提供了 RESTORE 语句恢复数据库，其语法形式如下：

```
RESTORE DATABASE { database_name | @database_name_var }
[ FROM <backup_device> [ ,...n ] ]
[ WITH [{ STOP_ON_ERROR | CONTINUE_AFTER_ERROR } ] [ [ , ]
 FILE ={ backup_set_file_number | @backup_set_file_number } ] [ [ , ]
{ RECOVERY | NORECOVERY | STANDBY = {standby_file_name | @standby_file_
        name_var }}]
[ [ , ] REPLACE ][ [ , ] RESTART ][ [ , ] RESTRICTED_USER ][ [ , ] STATS
    [ = percentage ] ]][;]
```

3．使用图形向导方式恢复数据库的主要过程

第 1 步：启动 SQL Server Management Studio，在对象资源管理器中展开"数据库"，选择需要恢复的数据库。

第 2 步：选择目标数据库后，单击鼠标右键，在弹出的快捷菜单中选择"任务"命令，在弹出的"任务"子菜单中选择"还原"命令，在弹出的"还原"子菜单中选择"数据库"命令，进入"还原数据库"窗口。

第 3 步：单击"源设备"后面的按钮，在打开的"指定备份"窗口中选择备份媒体为"备份设备"，单击"添加"按钮。

在打开的"选择备份设备"对话框中，在"备份设备"栏的下拉菜单中选择需要指定恢复的备份设备，单击"确定"按钮，返回"指定备份"窗口，再单击"确定"按钮，返回"还原数据库"窗口。

第 4 步：选择完备份设备后，"还原数据库"窗口的"选择用于还原的备份集"栏中会列出可以进行还原的备份集，在复选框中选中备份集。

第 5 步：在"还原数据库"窗口中单击最左边的"选项"页，在窗口右部勾选"覆盖现有数据库"项，单击"确定"按钮，系统将进行恢复并显示恢复进度。

5.3.4　分离数据库和附加数据库

SQL Server 2008 数据库还可以通过直接复制数据库的逻辑文件和日志文件对数据库进行备份。当数据库发生异常、数据丢失或需要转移服务器时，就可以使用已经备份的数据库文件来进行恢复，这种方法称为附加数据库。

要复制数据库文件，需要先通过 SQL Server 配置管理器停止 SQL Server 服务，或者在 SQL Server Management Studio 中进行数据库分离操作，然后才能复制数据文件。

分离数据库操作步骤如下。

第 1 步：启动 SQL Server Management Studio，在对象资源管理器中右键单击要分离的数据库节点，在弹出的功能菜单中选择"任务"→"分离"命令，打开"分离数据库"窗口，如图 5.8 所示。

第 2 步：在"分离数据库"窗口中确认要删除的数据库信息，无误后单击"确定"按钮，完成数据库分离工作，此时该数据库已从 SQL Server 服务中分离，可对其文件进行复制操作。

图 5.8　"分离数据库"窗口

与分离数据库对应的附加数据库的操作方法如下。

假设一个数据库的数据文件和日志文件都保存在 E 盘根目录下，那么通过附加数据库的方法将数据库 JSCJ 导入本地服务器的具体步骤如下。

第 1 步：启动 SQL Server Management Studio，在对象资源管理器中右键单击"数据库"，选择"附加"命令，进入"附加数据库"窗口，如图 5.9 所示，单击"添加"按钮，选择要导入的数据库文件.mdf。

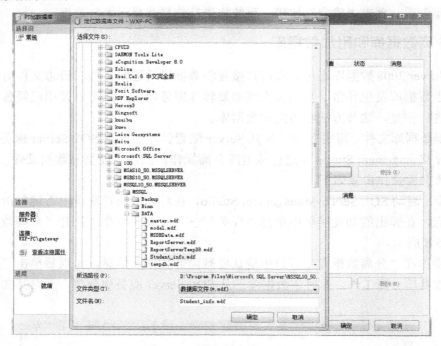

图 5.9 "附加数据库"窗口

第 2 步：选择后单击"确定"按钮，返回"附加数据库"窗口。此时"附加数据库"窗口中列出了要附加的数据库的原始文件和日志文件的信息。确认后，单击"确定"按钮开始附加数据库。成功后将会在"数据库"列表中找到该数据库。

5.4 实验 4——系统安全性与完整性管理

5.4.1 实验目的

1. 掌握约束的定义及其删除方法；
2. 掌握主键、外键约束的创建、使用和删除方法；
3. 掌握唯一性约束的创建、使用和删除方法；
4. 掌握 CHECK 约束的创建、使用和删除方法；
5. 掌握规则的创建、使用和删除方法；
6. 掌握默认的创建、使用和删除方法。

5.4.2 实验准备

1. 了解数据完整性的概念；

2．了解约束的类型；

3．了解创建约束和删除约束的语法；

4．了解创建规则和删除规则的语法；

5．了解绑定规则和解绑规则的语法；

6．了解创建默认对象和删除默认对象的语法；

7．了解绑定默认对象和解绑默认对象的语法。

5.4.3　实验内容

1．在创建表时创建约束。

创建 Student 数据库，并在 Student 数据库中用 CREATE TABLE 语句创建学生表、课程表和课程注册表，表的结构如表 5.1～表 5.3 所示。

表 5.1　学生表的结构

列　　名	数 据 类 型	长　　度
学号	CHAR	12
姓名	CHAR	8
性别	CHAR	2
出生日期	DATETIME	
家庭住址	CHAR	30
所在系	CHAR	2
所在专业	CHAR	4
备注	TEXT	

表 5.2　课程表的结构

列　　名	数 据 类 型	长　　度
课程号	CHAR	10
课程名	CHAR	20
学分	INT	2
先修课程	CHAR	10

表 5.3　课程注册表的结构

列　　名	数 据 类 型	长　　度
学号	CHAR	12
课程号	CHAR	10
成绩	DECIMAL	

在建表的同时创建所需约束，约束要求如下：

（1）将学号设置为主键，主键名为 pk_xuehao；

（2）为姓名添加唯一约束，约束名为 uk_xymy；

（3）为性别添加默认约束（单独添加），默认名为 df_xybx，其值为"男"；

（4）为出生日期添加 CHECK 约束，约束名为 ck_csrq，其检查条件为（出生日期>='01/01/1996'）。

2．在查询编辑器中删除上述所建约束。

3．为 YGKQ 数据库中的 JBQK 表添加外键约束，要求：将缺勤类型设置为外键，被参考表为 QQLX，外键名称为 fk_qqlx；查找该数据库中存在该关系的其他列，完成设置。

4．创建一个 qqlx_rule 规则，将其绑定到 JBQK 表的缺勤类型字段上，保证输入的缺勤类型只能是"1"、"2"、"3"或"4"。

5．删除 qqlx_rule 规则（注意：规则已绑定到 JBQK 表的缺勤类型字段上）。

6．创建一个 qqly_def 默认对象，将其绑定到 JBQK 表的缺勤理由字段上，使其默认值为"事假"。

7．删除默认对象 qqly_def。

8．通过插入数据、修改数据、删除数据等各种方式测试所设置的各个约束。

第6章　视图和索引

一般来说，对数据库最频繁的操作是数据查询，数据库在进行查询时需要对表进行大量的数据搜索。视图和索引是能够有效提高查询效率的两项技术。

6.1　视　　图

视图是一种数据库对象，它是从一个或多个表或视图中导出的虚表，即它可以从一个或多个表中的一个或多个列中提取数据，并按照表的组成行和列来显示这些信息，可以把视图看作是一个能把焦点定在用户感兴趣的数据上的监视器。

视图是虚拟的表，与表不同的是，视图本身并不存储视图中的数据，视图是由表派生的，派生表被称为视图的基本表，简称基表。视图可以来源于一个或多个基表的行或列的子集，也可以是基表的统计汇总，或者是视图与基表的组合，视图中的数据是通过视图定义语句由其基本表中动态查询得来的。

6.1.1　视图的优点和缺点

1. 视图的优点

（1）为用户集中数据，简化用户的数据查询和处理。有时用户所需要的数据分散在多个表中，定义视图可将它们集中在一起，从而方便用户进行数据查询和处理。

（2）屏蔽数据库的复杂性。用户不必了解复杂的数据库中的表结构，并且数据库表的更改也不影响用户对数据库的使用。

（3）简化用户权限的管理。只需授予用户使用视图的权限，而不必指定用户只能使用表的特定列，也增加了安全性。

（4）便于数据共享。各用户不必都定义和存储自己所需的数据，而可共享数据库的数据，这样，同样的数据只需存储一次。

（5）可以重新组织数据，以便输出到其他应用程序中。

2. 视图的缺点

视图的缺点主要表现在其对数据修改的限制上。当更新视图中的数据时，实际上就是对基本表的数据进行更新。事实上，当从视图中插入或删除时，情况也是一样的。然而，某些视图是不能更新数据的，这些视图有如下的特征：

（1）有 UNION 等集合操作符的视图；

（2）有 GROUP BY 子句的视图；

（3）有诸如 AVG、SUM 等函数的视图；

（4）使用 DISTINCT 短语的视图；

（5）连接表的视图（其中有一些例外）。

6.1.2　创建视图

在 SQL Server 2008 系统中，只能在当前的数据库中创建视图，创建视图时，SQL Server 会首先验证视图定义中所引用的对象是否存在。视图的名称必须符合命名规则。因为视图的外形和表的外形是一样的，所以在给视图命名时，要使用一种能与表区分开的命名机制，使人很容易分辨出视图与表，如在视图名称之前使用 V_ 作为前缀。

创建视图时应该注意：必须是 sysadmin、db_owner、db_ddladmin 角色的成员，或拥有创建视图权限；在视图中最多只能引用 1024 列；如果视图引用的基表或视图被删除，则该视图将不能再被使用；如果视图中的某一列是函数、数学表达式、常量或者与来自多个表的列名相同，则必须为列定义名称；不能在规则、默认、触发器的定义中引用视图；当通过视图查询数据时，SQL Server 要检查以确保语句中涉及的所有数据库对象存在；视图的名称必须遵循标识符的规则，是唯一的。

创建视图的方法主要有两种：一种是在 SQL Server Management Studio（SSMS）中使用现有命令和功能，通过图形化工具进行创建；另一种是通过 T-SQL 语句中的 CREATE VIEW 命令进行创建。本节将对这两种创建视图的方法分别进行阐述。

1．使用 SSMS 创建视图

（1）在"对象资源管理器"中展开服务器，然后展开"数据库"节点，右键单击目标数据库菜单下的"视图"选项，在弹出的快捷菜单中，选择"新建视图"命令，如图 6.1 所示。

（2）打开"添加表"对话框，添加所需要关联的基本表、视图、函数、同义词，单击"添加"按钮。如果还需要添加其他表，则可以继续选择添加基表，如果不再需要添加，可以单击"关闭"按钮关闭该窗口。

图 6.1　"新建视图"窗口

（3）基表添加完后，在"视图"窗口的"关系图"窗口中显示了基表的全部列信息。

（4）单击工具栏上的"保存"按钮，出现保存视图的"选择名称"对话框，在其中输入视图名。单击"确定"按钮，完成视图的创建。

2. 使用 T-SQL 语句创建视图

其语法形式如下：

```
CREATE VIEW 视图名[（视图列名 1，视图列名 2，...，视图列名 n）]
[WITH ENCRYPTION]
AS
SELECT 语句
[WITH CHECK OPTION]
```

需要注意的是，在视图定义中，SELECT 子句中不能包含下列内容：COMPUTE 或 COMPUTE BY 子句、INTO 关键字、ORDER BY 子句，除非 SELECT 语句中的选择列表中有 TOP 子句、OPTION 子句、引用临时表或表变量。

【例 6.1】 创建视图"V_COURSE_CREDITS"，其内容是 COURSE 表中学分为 4 个学分的课程编号、课程名称和学分。

在查询窗口中输入如下 T-SQL 语句：

```
USE Student_Info
GO
CREATE VIEW V_COURSE_CREDITS
AS
SELECT Course_No, Course_Name, Course_Credits
FROM Course
WHERE Course_Credits = 4
GO
```

6.1.3 查询视图数据

1. 使用 SSMS 查询视图

使用 SSMS 查询视图的方法如下：

（1）展开目标数据库菜单下的"视图"选项，右键单击要查看的视图，在弹出的快捷菜单中选择"编辑前 200 行"命令；

（2）打开视图的"数据编辑"窗口，显示出视图中的数据。

2. 使用 T-SQL 语句查询视图

用户可以使用 SELECT 语句查询视图的数据。

【例 6.2】 使用视图"VIEW_STUDENTINFO"查询学生信息。

T-SQL 语句如下：

```
USE Student_Info
GO
SELECT *
FROM VIEW_STUDENTINFO
GO
```

6.1.4　查看视图信息

在查询编辑器中可以使用以下系统存储过程查看视图信息：

系统存储过程 sp_help 可以显示数据库对象的特征信息；sp_helptext 可以用于显示视图、触发器或存储过程等在系统表中的定义；sp_depends 可以显示数据库对象所依赖的对象。它们的语法形式分别如下：

```
sp_help 数据库对象名称
sp_helptext 视图（触发器、存储过程）
sp_depends 数据库对象名称
```

6.1.5　修改视图

1. 使用 SSMS 修改视图

使用 SSMS 修改视图的操作步骤如下：

（1）启动 SSMS，在"对象资源管理器"窗格中展开服务器，然后展开"数据库"节点；

（2）展开数据库菜单下的"视图"选项，右键单击要修改的视图，在弹出的快捷菜单中选择"设计"命令；

（3）打开"视图设计器"窗口，视图的修改和视图的创建一样，可以在视图设计器中进行，修改也就是再创建。

2. 使用 T-SQL 语句修改视图

使用 ALTER VIEW 语句修改视图，其语法格式如下：

```
ALTER VIEW 视图名 [WITH ENCRYPTION]
AS SELECT 语句 [WITH CHECK OPTION]
```

6.1.6　通过视图修改表数据

在 SQL Server 2008 中，对视图中的数据进行修改，其实就是对其基表中的数据进行修改。这是由视图本身的性质决定的，因为视图就是一个虚拟表，它并不存储数据，数据只存于基表中。如果满足一些限制条件，可以通过视图插入、更新和删除数据。

使用视图修改数据时，需要注意以下几点：修改视图中的数据时，不能同时修改两个或多个基表；不能修改那些通过计算得到的字段；如果在创建视图时指定了 WITH CHECK OPTION 选项，那么在使用视图修改数据库信息时，必须保证修改后的数据满足视图定义的范围；执行 UPDATE、DELETE 命令时，所删除与更新的数据必须包含在视图的结果集中；当视图引用多个表时，无法使用 DELETE 命令删除数据，如果使用 UPDATE 命令，则应与 INSERT 操作一样，被更新的列必须属于同一个表。

此外，对视图的修改操作还有以下限制：

（1）如果视图的字段来自表达式或常量，则不允许对该视图执行 INSERT 和 UPDATE 操作，但允许执行 DELETE 操作；

（2）如果视图的字段来自集合函数，则此视图不允许修改操作；

（3）如果视图定义中含有 GROUP BY 子句，则此视图不允许修改操作；

（4）如果视图定义中含有 DISTINCT 短语，则此视图不允许修改操作；

（5）一个不允许修改操作视图上定义的视图，也不允许修改操作。

通过视图插入、更新与删除数据的方法如下：打开 SQL Server Management Studio，新建一个连接，在该连接窗口内的查询编辑器中输入相应的 T-SQL 语句进行操作。

【例 6.3】 创建一个基于表 employees 的新视图 v_employees。

T-SQL 语句如下：

```
CREATE VIEW v_employees (number, name, age, sex, salary)
AS
SELECT number, name, age, sex, salary
FROM employees
```

● 添加数据行

【例 6.4】 通过视图 v_employees 添加一条新的数据行，各列的值分别为 10100、李子言、25、男、3600。

T-SQL 语句如下：

```
INSERT INTO v_employees
Values(10100, '李子言', 25, '男', 3600)
```

● 修改数据行

【例 6.5】 通过视图 v_employees 修改表 employees 中的记录，把名字"张三"改为"张然"。

T-SQL 语句如下：

```
UPDATE v_employees
SET name='张然'
WHERE name='张三';
```

● 删除数据行

【例 6.6】 通过视图 v_employees 删除表 employees 中姓名为"李惠"的记录。

T-SQL 语句如下：

```
DELETE FROM v_employees
WHERE name='李惠';
```

6.1.7　删除视图

对于不再需要的视图，可以把视图的定义从数据库中删除。删除视图，就是删除其定义和赋予它的全部权限。

1. 使用 SSMS 删除视图

（1）启动 SSMS，在对象资源管理器中选择目标视图，单击鼠标右键，在弹出的快捷菜单中选择"删除"命令。

（2）打开"删除对象"对话框。删除某个数据表之前，应该首先查看它与其他数据库对象之间是否存在依赖关系。单击"显示依赖关系"按钮，会出现"依赖关系"对话框。

（3）单击"确定"按钮，返回"删除对象"对话框。单击"确定"按钮，视图被成功地删除。

2．使用 T-SQL 语句删除视图

用户可以使用 T-SQL 语句中的 DROP VIEW 命令删除视图，其语法格式如下：

```
DROP VIEW 视图名 1, ..., 视图名 n
```

可以使用该语句同时删除多个视图，只需在要删除的视图名称之间用逗号隔开即可。

【例 6.7】 使用 T-SQL 语句删除视图 v_employees。

在查询窗口中输入如下 T-SQL 语句：

```
DROP VIEW v_employees
GO
```

6.2　索　引

在应用系统中，尤其在联机事务处理系统中，对数据查询及处理的速度已成为衡量应用系统成败的标准。而采用索引来加快数据处理速度通常是最普遍采用的优化方法。

在 SQL Server 系统中，数据存储的基本单位是页。一个页是 8KB 的磁盘物理空间。在向数据库中插入数据时，数据按照插入的时间顺序被放置在数据页上。一般地，放置数据的顺序与数据本身的逻辑关系之间并没有任何的关系。因此，从数据之间的逻辑关系方面来讲，数据是乱七八糟地堆放在一起的。数据的这种堆放方式称为"堆"。当一个页上的数据堆满之后，其他的数据就堆放在另外一个数据页上。

根据上面的叙述，在没有建立索引的表内，使用堆的集合方法组织数据页。在堆的集合中，数据行不按任何顺序进行存储，数据页序列也没有任何特殊顺序。因此，扫描这些数据堆集花费的时间肯定较长。在建有索引的表内，数据行基于索引的键值按顺序存放，必然改善了系统查询数据的速度。

6.2.1　索引的优点和缺点

创建索引的优点主要有以下两点。

（1）加快数据查询

在表中创建索引后，进行以索引为条件的查询时，由于索引是有序的，可以采用较优的算法来进行查找，这样就提高了查询速度。经常作为查询条件的列应当建立索引，而不经常作为查询条件的列则可不建立索引。

（2）加快表的连接、排序和分组工作

进行表的连接、排序和分组工作，要涉及表的查询工作，而建立索引会提高表的查询速度，从而也加快了这些操作的速度。

创建索引的缺点主要有以下两点。

（1）创建索引需要占用数据空间和时间

创建索引时所需的工作空间大概是数据表空间的 1.2 倍，还要占用一定的时间。

（2）建立索引会减慢数据修改的速度

在有索引的数据表中，进行数据修改时，包括记录的插入、删除和修改，都要对索引进行更新，修改的数据越多，索引的维护开销就越大，所以索引的存在减慢了数据修改速度。

6.2.2　索引的分类

按照索引值的特点，可以将索引分为唯一索引和非唯一索引；按照索引结构的特点，可以将索引分为聚集索引和非聚集索引。

1. 唯一索引和非唯一索引

唯一索引要求所有数据行中任意两行中的被索引列或索引列组合不能存在重复值，包括不能有两个空值 NULL。而非唯一索引则不存在这样的限制。

2. 聚集索引和非聚集索引

根据索引的顺序与数据表的物理顺序是否相同，可以把索引分为聚集索引和非聚集索引。聚集索引会对磁盘上的数据进行物理排序，所以这种索引对查询非常有效。表中只能有一个聚集索引。

（1）聚集索引

表中各行的物理顺序与键值的逻辑（索引）顺序相同，每个表只能有一个。聚集索引是一种对磁盘上实际数据重新组织以按指定的一个或多个列的值排序。由于聚集索引的索引页面指针指向数据页面，所以使用聚集索引查找数据几乎总是比使用非聚集索引快。

每张表只能建一个聚集索引，并且建聚集索引需要至少相当该表 120%的附加空间，以存放该表的副本和索引中间页。在聚集索引中，表中各行的物理顺序与键值的逻辑（索引）顺序相同。表只能包含一个聚集索引。例如，汉语字（词）典默认按拼音排序编排字典中的每页页码。拼音字母 a，b，c，d，…，x，y，z 就是索引的逻辑顺序，而页码 1，2，3…就是物理顺序。默认按拼音排序的字典，其索引顺序和逻辑顺序是一致的，即拼音顺序较后的字（词）对应的页码也较大，如拼音"da"对应的字（词）页码就比拼音"ba"对应的字（词）页码靠后。

（2）非聚集索引

非聚集索引指定表的逻辑顺序。数据存储在一个位置，索引存储在另一个位置，索引中包含指向数据存储位置的指针。可以有多个，小于 249 个。

SQL Server 在默认情况下建立的索引是非聚集索引，由于非聚集索引不重新组织表中的数据，而是每行存储索引列值并用一个指针指向数据所在的页面。换句话说，非聚集索引具有在索引结构和数据本身之间的一个额外级。一个表可以拥有多个非聚集索引，每个非聚集索引提供访问数据的不同排序顺序。

在建立非聚集索引时，要权衡索引对查询速度的加快与降低修改速度。

在非聚集索引中，表中各行的物理顺序与键值的逻辑顺序不匹配。聚集索引比非聚集索引（Nonclustered Index）有更快的数据访问速度。例如，按笔画排序的索引就是非聚集索引，1 画的字（词）对应的页码可能比 3 画的字（词）对应的页码大（靠后）。

提示：SQL Server 中，一个表只能创建一个聚集索引，但可以创建多个非聚集索引。若设置某列为主键，该列就默认为聚集索引。

唯一索引不允许两行具有相同的索引值，即索引值必须是唯一的。聚集索引和非聚集索引均可用于强制表内的唯一性，方法是在现有表上创建索引时，指定 UNIQUE 关键字。

确保表内唯一性的另一种方法是使用 UNIQUE 约束，创建了唯一约束，将自动创建唯一索引。尽管唯一索引有助于找到信息，但为了获得最佳性能，建议使用主键约束或唯一约束。

6.2.3　建立索引的原则

创建索引虽然可以提供查询速度，但是它需要牺牲一定的系统性能。因此创建索引时，哪些列适合创建索引，哪些列不适合创建索引，需要进行一番判断考察才能进行索引的创建。

创建索引需要注意以下事项。

（1）创建聚集索引时所需要的可用空间是表数据量的 120%，所以要求数据库应有足够的空间。

（2）避免在一个表上创建大量的索引，因为这样不但会影响插入、删除、更新数据的性能，而且也会在更改表中的数据时增加所有进行调整的操作，进而降低系统的维护速度。

（3）对于经常需要搜索的列，可以创建索引，包括主键列和频繁使用的外键列。

（4）在经常需要根据范围进行查询的列上或经常需要排序的列上创建索引时，因为索引已经排序，因此其指定的范围是连续的，所以可以利用索引的排序，从而节省查询时间。

6.2.4　创建索引

在 SQL Server 2008 中，索引可以由系统自动创建，也可以由用户手工创建。

1．系统自动创建索引

系统在创建表中的其他对象时可以附带地创建新索引。通常情况下，在创建 UNIQUE 约束或 PRIMARY KEY 约束时，SQL Server 会自动为这些约束列创建聚集索引。

2．用户创建索引

除了系统自动生成的索引外，也可以根据实际需要，使用 SSMS 的对象资源管理器或利用 T-SQL 语句中的 CREATE INDEX 命令直接创建索引。

（1）使用 SSMS 创建索引

使用 SSMS 创建索引又可以分为以下两种方式。

● 在对象资源管理器中使用"新建索引"命令创建索引

在对象资源管理器中使用"新建索引"菜单命令创建索引，操作步骤如下。

① 启动 SSMS，在"对象资源管理器"窗格中展开服务器，然后展开"数据库"节点，选中要建立索引的表或视图节点。

② 右键单击该数据节点下层的"索引"节点，在弹出的快捷菜单上选择"新建索引(N)…"命令，打开"新建索引"对话框，如图 6.2 所示。

③ 在"新建索引"对话框中，输入索引名称，选择索引类型，在下拉列表中选择"聚集"、"非聚集"选项，决定是否勾选"唯一"复选框，单击"添加"按钮。

④ 打开"选择要添加到索引键的表列"对话框，利用复选框勾选要添加的列。

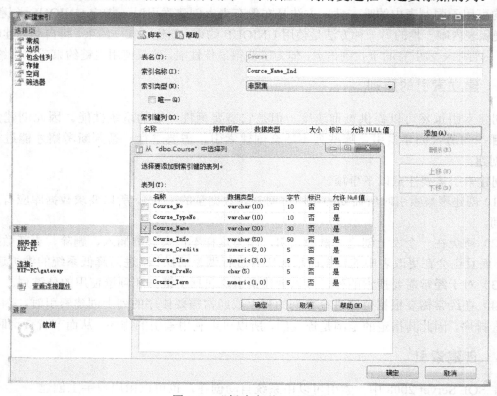

图 6.2　"新建索引"对话框

⑤ 添加列完毕后，单击"确定"按钮，返回到"新建索引"对话框。单击"确定"按钮，完成索引的创建。刷新对象资源管理器中的"索引"节点后，就可以看到新建的索引了。

● 使用表设计器创建索引

① 启动 SSMS，在"对象资源管理器"窗格中展开服务器，然后展开"数据库"节点，选中所要创建索引的表。

② 右键单击表节点，在弹出的快捷菜单中选择"设计"命令。

③ 打开"表设计器"窗口，选择要创建索引的列，单击鼠标右键，在弹出的快捷菜单中选择"索引/键"命令。

④　如图 6.3 所示，打开"索引/键"对话框，单击"添加"按钮，并在右边的"标识"属性区域的"名称"一栏中输入新索引的名称（也可以沿用系统默认的名称）。

图 6.3　"索引/键"对话框

⑤　添加完毕后，单击"完成"按钮关闭对话框。单击面板上的"保存"按钮，即完成了索引的创建。

（2）使用 T-SQL 语句创建索引

利用 T-SQL 语句中的 CREATE INDEX 命令可以创建索引，其语法格式如下：

```
CREATE[UNIQUE][CLUSTERED| NCLUSTERED] INDEX 索引名
ON 表名 (字段名[ASC/DESC, ...n])  [WITH [索引选项 [,...n] ]
[ON 文件组]
```

【例 6.8】　为表 Student 创建一个非聚集索引，索引字段为 Student_Name，排序顺序为 Student_Name 降序，索引名为 IDX_STUDENT_NAME。

在查询窗口中输入如下 T-SQL 语句：

```
USE Student_Info
GO
CREATE NONCLUSTERED INDEX IDX_STUDENT_NAME
ON Student(Student_Name DESC)
GO
```

6.2.5　查看和修改索引

1. 使用 SSMS 查看和修改索引

使用 SSMS 查看和修改索引的操作步骤如下。

（1）启动 SSMS，在"对象资源管理器"窗格中展开服务器，然后展开要编辑的表的索引节点，选中要查看的索引。

（2）右键单击索引选中的索引节点，在弹出的快捷菜单中选择"属性"命令。

（3）打开"索引属性"对话框，显示出定义索引的各项参数，在对话框中可以修改索引的定义，单击"添加"按钮可以向当前索引键列中加入新的索引字段；选中某个索引字段后，单击"删除"按钮可以将其从索引键列中移走。

2．使用 T-SQL 语句查看和修改索引

（1）查看索引信息

用户可以使用系统存储过程 sp_helpindex 查看有关表上的索引信息。

【例 6.9】 使用系统存储过程查看表 Student 上的索引信息。

T-SQL 语句如下：

```
USE Student_Info
GO
sp_helpindex Student
GO
```

（2）修改索引名称

用户可以使用系统存储过程 sp_rename 修改索引的名称，其语法形式如下：

```
sp_rename [@objname=]'object_name', [@newname=]'new_name'
```

【例 6.10】 使用系统存储过程修改索引"IDX_STUDENT_NAME"的名称为 IDX_STUDENT_NAME_1。

T-SQL 语句如下：

```
USE Student_Info
GO
sp_rename 'Student.IDX_STUDENT_NAME', 'IDX_STUDENT_NAME_1'
GO
```

6.2.6　删除索引

1．使用 SSMS 删除索引

操作步骤如下。

（1）启动 SSMS，在对象资源管理器窗格中展开服务器，选择所要编辑的表上的索引节点，单击鼠标右键，在弹出的快捷菜单中选择"删除"命令。

（2）打开"删除对象"对话框，对话框中显示当前要删除索引的基本情况。单击"确定"按钮，索引被成功地删除，对象资源管理器中的该索引节点消失。

需要说明的是，以上操作是删除单个索引的方法。如果用户需要删除多个索引，可以在表设计器中，右键单击某个字段，在弹出的快捷菜单中选择"索引/键"命令，在打开的"索引/键"对话框中完成多个索引的删除。

2．使用 T-SQL 语句删除索引

使用 DROP INDEX 命令可以删除一个或多个当前数据库中的索引。其语法格式如下：

```
DROP INDEX 表名.索引名 [,...n]
```

【例 6.11】　删除学生表 Student 上的索引"IDX_STUDENT_SEXBIRTHDAY"。
T-SQL 语句如下：

```
USE Student_Info
GO
DROP INDEX Student.IDX_STUDENT_SEXBIRTHDAY
GO
```

6.3　实验 5——索引和视图的应用

6.3.1　实验目的

1．掌握索引和视图的概念；
2．掌握使用 SSMS 创建索引和视图的方法；
3．掌握使用 T-SQL 语句创建索引和视图的方法；
4．掌握查看索引和视图的系统存储过程的用法；
5．掌握索引和视图分析与维护的常用方法。

6.3.2　实验准备

1．了解索引和视图、非聚集索引和聚集索引的概念；
2．了解创建索引和视图的语法；
3．了解使用 SSMS 创建索引和视图的步骤；
4．了解使用 T-SQL 创建索引和视图的方法；
5．了解索引和视图更名系统存储过程的用法；
6．了解删除索引和视图的 SQL 命令的用法；
7．了解索引和视图的作用。

6.3.3　实验内容

1．为 Student 数据库中"课程注册"表的"成绩"字段创建一个非聚集索引，其名称为 kczccj_index；
2．使用系统存储过程 sp_helpindex 查看"课程注册"表上的索引信息；
3．使用系统存储过程 sp_rename 将索引 kczccj_index 更名为 kczc_cj_index；
4．使用 Student 数据库中的"课程注册"表，查询所有课程注册信息；
5．用 SQL 语句删除 kczc_cj_index；
6．在 Student 数据库中以学生表为基础，建立一个名为"V_经济管理系学生"的视图（注：经济管理系的系统代码为"02"）；

7．使用"V_经济管理系学生"的视图查询经济管理系会计专业（其专业代码为"0202"）学生的信息；

8．在查询编辑器中使用更改视图的命令将视图"V_经济管理系学生"更改为"V_经管系男生"；

9．修改"V_经济管理系男生"视图的内容。视图修改后，该视图为经济管理系所有男生的信息；

10．删除"V_经济管理系男生"。

第 7 章　存储过程和触发器

存储过程和触发器均是数据库对象之一，常用于实现数据库的安全性或完整性机制。存储过程可以理解成数据库的子程序，在客户端和服务器端可以直接调用它。触发器是与表直接关联的特殊的存储过程，是在对记录进行操作时触发的。

7.1　存　储　过　程

7.1.1　存储过程的定义与特点

1．存储过程的定义

存储过程是一组编译在单个执行计划中的 T-SQL 语句，它将一些固定的操作集中起来交给 SQL Server 数据库服务器完成，以实现某个任务。

2．存储过程的特点

（1）大大增强了 SQL 语言的功能和灵活性

存储过程可以使用流控制语句编写，有很强的灵活性，可以完成复杂的判断和较复杂的运算。使用存储过程可以完成所有数据库操作。

（2）保证数据的安全性和完整性

通过存储过程，可以使没有权限的用户在控制之下间接地存取数据库，并可通过编程方式控制对数据库信息访问的权限，从而保证数据的安全；还可以是相关的数据操作动作在一起发生，从而维护数据的完整性。

（3）更快的执行速度

存储过程在服务器端运行，执行速度快。在运行存储过程之前，数据库已对其进行语法分析，并给出了优化执行方案。这种已经编译好的过程可以大大改善 SQL 语句的性能。存储过程执行一次后，就驻留在高速缓冲存储器，在以后的操作中，只需从高速缓冲存储器中调用已编译好的二进制代码执行即可，提高了系统性能。

（4）自动完成需要预先执行的任务

存储过程可以在 SQL Server 启动时自动执行，而不必在系统启动后再进行手工操作，大大方便了用户的使用，可以自动完成一些需要预先执行的任务。

7.1.2　存储过程的类型

在 SQL Server 2008 中的存储过程分为三类：即系统存储过程、扩展存储过程和用户存储过程。

1．系统存储过程

系统存储过程是由 SQL Server 提供的存储过程，可以作为命令执行。系统存储过程定义在系统数据库 master 中，其前缀是"sp_"。

2．扩展存储过程

扩展存储过程是指在 SQL Server 2008 环境之外，使用编程语言（如 C++）创建的外部例程形成的动态链接库（DLL）。

3．用户存储过程

在 SQL Server 2008 中，用户存储过程可以使用 T-SQL 语言编写，也可以使用 CLR 方式编写。T-SQL 存储过程一般也称为存储过程。

7.1.3　创建存储过程

1．使用 SSMS 创建存储过程

（1）启动 SSMS，在"对象资源管理器"窗格中展开服务器，然后展开目标数据库节点下的"可编程性"节点。

（2）右键单击"存储过程"选项，在弹出的快捷菜单中选择"新建存储过程"命令。

（3）如图 7.1 所示，打开"存储过程脚本编辑"窗口，在该窗口中输入要创建的存储过程的代码，输入完成后单击"执行"按钮，若执行成功，则创建完成。

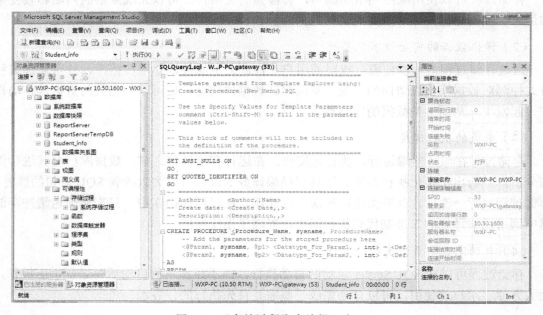

图 7.1　"存储过程脚本编辑"窗口

2．使用 T-SQL 语句创建存储过程

用户可以使用 CREATE PROCEDURE 命令创建存储过程，但要注意以下几个事项。

（1）用户定义的存储过程只能在当前数据库中创建（临时存储过程总是在系统数据库 tempdb 中创建），存储过程名称存储在 sysobjects 系统表中，而语句的文本存储在 syscomments 中。

（2）SQL Server 启动时可以自动执行一个或多个存储过程。这些存储过程必须由系统管理员在 master 数据库中创建，并在 sysadmin 固定服务器角色下作为后台过程执行。这些过程不能有任何输入参数。

（3）必须具有数据库的 CREATE PROCEDURE 权限。CREATE PROCEDURE 的权限默认授予 sysadmin 固定服务器角色成员、db_owner 和 db_ddladmin 固定数据库角色成员。sysadmin 固定服务器角色成员和 db_owner 固定数据库角色成员可以将 CREATE PROCEDURE 权限转让给其他用户。

（4）CREATE PROCEDURE 语句不能与其他 SQL 语句在单个批处理中组合使用。

（5）不要创建任何使用 "sp_" 作为前缀的存储过程。

CREATE PROCEDURE 的语法形式如下：

```
CREATE { PROC | PROCEDURE } [schema_name.] procedure_name
    [ { @parameter [ type_schema_name. ] data_type }
    [ VARYING ] [ = default ] [ OUT | OUTPUT ] ] [ ,...n ] [ WITH ENCRYPTION ]
AS { <sql_statement> [;][ ...n ] }[;]
<sql_statement> ::= { [ BEGIN ] statements [ END ] }
```

● 创建不带参数的存储过程

【例 7.1】　在数据库 Student_Info 中，创建一个名为 "UP_TEACHER_INFO" 的存储过程，用于查询所有男教师的信息。

T-SQL 语句如下：

```
CREATE PROCEDURE UP_TEACHER_INFO
AS
SELECT * FROM Teacher WHERE Teacher_Sex='男
GO
```

● 创建带输入参数的存储过程

一个存储过程可以带一个或多个输入参数。输入参数是由调用程序向存储过程传递的参数，它们在创建存储过程时被定义，在执行存储过程时被给出。

【例 7.2】　使用输入参数 "课程名称"，创建一个存储过程 UP_COURSE_INFO，用于查询某门课程的选修情况，包括学号、姓名、课程名称和成绩。

T-SQL 语句如下：

```
CREATE PROCEDURE UP_COURSE_INFO @scname VARCHAR(30)
AS
SELECT Student.Student_No,Student_Name,Course_Name,SelectCourse_Score
FROM Student,SelectCourse,Course
WHERE Student.Student_No = SelectCourse.SelectCourse_StudentNo AND
SelectCourse.SelectCourse_CourseNo = Course.Course_No AND Course_Name
        =@scname
GO
```

● 创建带输出参数的存储过程

如果用户需要从存储过程的执行结果中返回一个或多个值，可以通过在创建存储过程的语句中定义输出参数来实现。为了使用输出参数，一般需要在 CREATE PROCEDURE 语句中指定 OUTPUT 关键字。

【例 7.3】 创建一个存储过程 UP_COURSE_COUNT，获得选取某门课程的选课人数。

T-SQL 语句如下：

```
CREATE PROCEDURE UP_COURSE_COUNT @scname VARCHAR(30),@ccount INT OUTPUT
AS
SELECT @ccount=COUNT(*)
FROM SelectCourse, Course
WHERE SelectCourse. CourseNo = Course.Course_No AND Course_Name=@scname
GO
```

7.1.4　执行存储过程

存储过程创建成功后，该存储过程作为数据库对象已经存在，其名称和文件分别存放在 sysobjects 和 syscomments 系统表中。

用户可以使用 T-SQL 的 EXECUTE 语句执行存储过程。如果该存储过程是批处理中的第一条语句，则 EXEC 关键字可以省略。其语法形式如下：

```
[[EXEC[UTE]] {[@return_status=] {procedure_name|@procedure_name_var}
[[@parameter=]{value|@variable[OUTPUT]|[DEFAULT]}[,...n]]}]
```

● 执行不带参数的存储过程

执行不带参数的存储过程非常简单，直接使用"EXEC 存储过程名"命令即可完成。

【例 7.4】 执行例 7.1 中创建的名为 UP_TEACHER_INFO 的存储过程，用于查询所有男教师的信息。

T-SQL 语句如下：

```
EXEC UP_TEACHER_INFO
```

● 使用参数名传递参数值

在执行存储过程的语句中，有两种方式来传递参数：一种是使用参数名传递参数值，另一种是按参数位置传递参数值。

使用参数名传递参数值，就是通过语句"@参数名=参数值"传递参数，当有多个参数时，参数值可以按任意顺序书写。对于允许控制或具有默认值的输入参数，可以不给出参数值。

当按位置传递参数值时，在执行存储过程的语句中可以不书写参数名而直接给出参数值，但要注意，参数值的顺序必须与存储过程中定义的输入参数的顺序一致。

【例 7.5】 执行例 7.2 中创建的存储过程 UP_COURSE_INFO，使用输入参数课程名称，查询某门课程的选修情况，包括学号、姓名、课程名称和成绩。

T-SQL 语句如下：

```
EXEC UP_COURSE_INFO @scname ='数据库技术'
或 EXEC UP_COURSE_INFO '数据库技术'
```

【**例 7.6**】　执行例 7.3 中创建的存储过程 UP_COURSE_COUNT，获得选取某门课程的选课人数。

T-SQL 语句如下：

```
DECLARE @ccount INT
EXEC UP_COURSE_COUNT @scname ='数据库技术', @ccount=@ccount OUTPUT
SELECT '选修数据库技术课程的人数为：', @ccount
或
DECLARE @ccount INT
EXEC UP_COURSE_COUNT '数据库技术', @ccount OUTPUT
SELECT '选修数据库技术课程的人数为：',@ccount
```

7.1.5　查看存储过程

1．使用 SSMS 查看存储过程

（1）启动 SSMS，在"对象资源管理器"窗格中展开服务器，然后展开目标数据库节点下"可编程性"中的"存储过程"节点。

（2）右键单击需要查看的存储过程，在弹出的快捷菜单中选择"编写存储过程脚本为"→"CREATE 到"→"新查询编辑器窗口"命令。

（3）打开"存储过程脚本编辑"窗口，就可以看到存储过程的源代码，如图 7.2 所示。

图 7.2　查看存储过程的源代码

2．使用系统存储过程查看用户存储过程

在查询编辑器中，可以通过调用特定的系统存储过程命令来查看用户建立的存储过程信息，其语法格式如下。

（1）sp_help

sp_help 用于显示存储过程的参数及其数据类型：

```
sp_help [[@objname=] name]
```

其中，参数 name 为要查看的存储过程名称。

（2）sp_helptext

sp_helptext 用于显示存储过程的源代码：

```
sp_helptext [[@objname=] name]
```

其中，参数 name 为要查看的存储过程名称。

（3）sp_depends

sp_depends 用于显示和存储过程相关的数据库对象：

```
sp_depends [@objname=]'object'
```

其中，参数 object 为要查看依赖关系的存储过程名称。

（4）sp_stored_procedures

sp_stored_procedures 用于返回当前数据库中的存储过程列表：

```
sp_stored_procedures[[@sp_name=]'name'[,[@sp_owner=]'owner']
[,[@sp_qualifier=]' qualifier']
```

其中，参数 name 用于指定返回目录信息的过程名，owner 用于指定过程所有者的名称，qualifier 用于指定过程限定符的名称。

【例 7.7】使用系统存储过程查看用户存储过程 UP_COURSE_INFO 的参数和相关性。T-SQL 语句如下：

```
EXEC sp_helptext UP_COURSE_INFO
EXEC sp_help UP_COURSE_INFO
EXEC sp_depends UP_COURSE_INFO
EXEC sp_stored_procedures UP_COURSE_INFO
```

7.1.6　修改存储过程

1. 使用 SSMS 修改存储过程

使用 SSMS 修改存储过程的操作步骤如下。

（1）启动 SSMS，在"对象资源管理器"窗格中展开服务器，然后展开目标数据库节点下"可编程性"中的"存储过程"节点。

（2）右键单击需要修改的存储过程，在弹出的快捷菜单中选择"修改"命令。

（3）打开"存储过程脚本编辑"窗口，在该窗口中，用户可以直接修改定义该存储过程的 T-SQL 语句，如图 7.3 所示。

2. 使用 T-SQL 语句修改存储过程

使用 ALTER PROCEDURE 语句可以更改存储过程，但不会更改权限，也不影响相关的存储过程或触发器。其语法形式如下：

```
ALTER { PROC | PROCEDURE } [schema_name.] procedure_name
[ { @parameter [ type_schema_name. ] data_type } [ VARYING ] [ = default ]
[ [ OUT [ PUT ] ] [ ,...n ]   [WITH ENCRYPTION]
AS sql_statement [ ...n ]
```

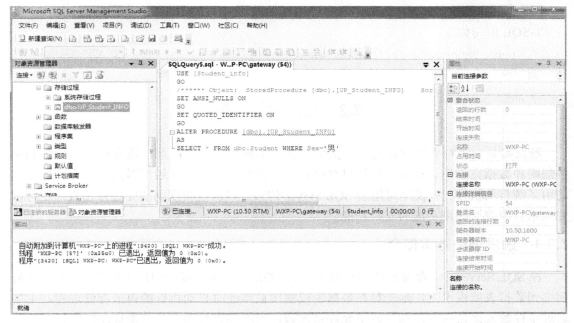

图 7.3　"存储过程脚本编辑"窗口

修改存储过程时，应该注意以下几点：

（1）如果原来的过程定义是使用 WITH ENCRYPTION 创建的，那么只有在 ALTER PROCEDURE 中也包含这个选项时，这个选项才有效；

（2）每次只能修改一个存储过程；

（3）用 ALTER PROCEDURE 更改的存储过程的权限保持不变。

7.1.7　删除存储过程

1．使用 SSMS 删除存储过程

使用 SSMS 删除存储过程的操作步骤如下。

（1）启动 SSMS，在"对象资源管理器"窗格中展开服务器，然后展开数据库节点下"可编程性"中的"存储过程"节点。

（2）右键单击需要删除的存储过程，在弹出的快捷菜单中选择"删除"命令。

（3）打开"删除对象"对话框，单击"确定"按钮，即可完成删除操作。

单击"显示依赖关系"按钮，则可以在删除前查看与该存储过程有依赖关系的其他数据库对象名称。

2. 使用 T-SQL 语句删除存储过程

删除存储过程也可以使用 T-SQL 语言中的 DROP 命令，DROP 命令可以将一个或多个存储过程或存储过程组从当前数据库中删除，其语法形式如下：

```
DROP { PROC | PROCEDURE } { [ schema_name. ] procedure } [ ,...n ]
```

【例 7.8】 删除数据库 Student_Info 中的存储过程 UP_TEACHER_INFO。

T-SQL 语句如下：

```
DROP PROCEDURE UP_TEACHER_INFO
GO
```

7.2　触　发　器

触发器是一种特殊的存储过程，类似于其他编程语言中的函数，通常用于实现强制业务规则和数据完整性。存储过程通过存储过程名被调用执行，而触发器则通过事件触发驱动由系统自动执行。触发器可用于 SQL Server 约束、默认值和规则的完整性检查，还可以完成难以用普通约束实现的复杂功能。

7.2.1　触发器的基本概念

在 SQL Server 中，存储过程和触发器都是 SQL 语句和流程控制语句的集合，触发器被捆绑到数据表或视图上，是一种在数据表或视图被修改时自动执行的内嵌存储过程，主要通过事件触发而被执行。触发器不允许带参数，也不能直接调用，只能被动触发。

当创建数据库对象或在数据表用插入记录、修改记录、删除记录时，SQL Server 就会自动执行触发器定义的 SQL 语句，从而确保对数据的处理必须符合由这些 SQL 语句所定义的规则。触发器和引起触发器执行的 SQL 语句被当作一次事务处理，如果这次事务处理未获得成功，SQL Server 会自动返回该事务执行前的状态。

1. 触发器的优点

由于触发器中可以包含复杂的处理逻辑，因此触发器一般用来保持低级的数据完整性，而不是返回大量的查询结果。触发器的主要优点如下。

（1）触发器可通过数据库中的相关表实现级联更改；通过级联引用完整性约束，可以更有效地执行这些更改。

（2）触发器可以强制比用 CHECK 约束定义的约束更为复杂的约束。

（3）与 CHECK 约束不同，触发器可以引用其他表中的列。例如，触发器可以使用另一个表中的 SELECT 比较插入或更新的数据，以及执行其他操作，如修改数据或显示用户定义错误信息。

（4）触发器也可以评估数据修改前后的表状态，并根据其差异采取对策。

2. 触发器的类型

触发器分为两大类：DML 触发器和 DDL 触发器。

（1）DML 触发器

DML 触发器是在用户使用数据操作语言（DML）事件编辑数据时发生的。DML 触发器又分为 AFTER 触发器和 INSTEAD OF 触发器两种。

① AFTER 触发器

这种类型的触发器在数据变动（INSERT、UPDATE 和 DELETE 操作）完成以后才被触发。AFTER 触发器只能在表上定义。

② INSTEAD OF 触发器

INSTEAD OF 触发器在数据变动以前被触发，并取代变动数据的操作，而去执行触发器定义的操作。INSTEAD OF 触发器可以在表或视图上定义，每个 INSERT、UPFATE 和 DELETE 语句最多定义一个 INSTEAD OF 触发器。

（2）DDL 触发器

DDL 触发器也是由相应的事件触发的，但 DDL 触发器触发的事件是数据定义语句（DDL）。这些语句主要是以 CREATE、ALTER、DROP 等关键字开头的语句。DDL 触发器的主要作用是执行管理操作，如审核系统、控制数据库的操作等。

7.2.2　创建触发器

在创建触发器前，应该了解以下几点。

（1）触发器中使用的特殊表

执行触发器时，系统创建了两个特殊的临时表 inserted 表和 deleted 表。

inserted 表：当向表中插入数据时，INSERT 触发器触发执行，新的记录插入到触发器表和 inserted 表中。

deleted 表：用于保存已从表中删除的记录，当触发一个 DELETE 触发器时，被删除的记录存放到 deleted 表中。

（2）创建 DML 触发器的说明

创建 DML 触发器时主要有以下几点说明。

① CREATE TRIGGER 语句必须是批处理中的第一条语句，并且只能应用到一个表中。

② DML 触发器只能在当前的数据库中创建，但可以引用当前数据库的外部对象。

③ 创建 DML 触发器的权限默认分配给表的所有者。

④ 在同一 CREATE TRIGGER 语句中，可以为多种操作（如 INSERT 和 UPDATE）定义相同的触发器操作。

⑤ 不能对临时表或系统表创建 DML 触发器。

⑥ 对于含有 DELETE 或 UPDATE 操作定义的外键表，不能使用 INSTEAD OF DELETE 和 INSTEAD OF UPDATE 触发器。

⑦ TRUNCATE TABLE 语句虽然能够删除表中的记录，但它不会触发 DELETE 触发器。

⑧ 在触发器内可以指定任意的 SET 语句，所选择的 SET 选项在触发器执行期间有效，并在触发器执行之后恢复到以前的设置。

⑨ DML 触发器最大的用途是返回行级数据的完整性，而不是返回结果，所以应当尽量避免返回任何结果集。

⑩ CREATE TRIGGER 权限默认授予定义触发器的表所有者、sysadmin 固定服务器角色成员、db_owner 和 db_ddladmin 固定数据库角色成员，并且不可转让。

⑪ DML 触发器中不能包含以下语句：ALTER DATABASE、CREATE DATABASE、DROP DATABASE、LOAD DATABASE、LOAD LOG、RECONFIGURE、RESTORE DATABASE、RESTORE LOG。

1. 用 SSMS 创建触发器

用 SSMS 创建触发器的操作步骤如下。

（1）启动 SSMS，在"对象资源管理器"窗格中展开服务器，然后展开数据库节点下要创建触发器的数据表节点。

（2）右键单击"触发器"选项，在弹出的快捷菜单中，选择"新建触发器"命令。

（3）打开"触发器脚本编辑"窗口，显示出新建触发器的模板，如图 7.4 所示。在该窗口中输入要创建的触发器的代码，输入完成后单击"执行"按钮，若执行成功，则创建完成。

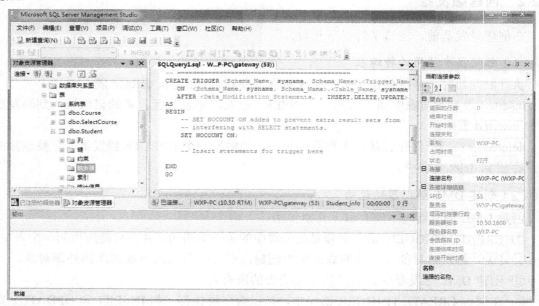

图 7.4 "触发器脚本编辑"窗口

2. 使用 T-SQL 语句创建触发器

（1）创建 DML 触发器

当数据库中发生数据操作语言（DML）事件时，将调用 DML 触发器，从而确保对数据的处理必须符合由这些 SQL 语句所定义的规则。

使用 T-SQL 语言中的 CREATE TRIGGER 命令可以创建 DML 触发器，其语法格式如下：

```
CREATE TRIGGER [ schema_name . ]trigger_name
    ON { table | view }                   /*指定操作对象*/
        [ WITH  ENCRYPTION ]              /*说明是否采用加密方式*/
    { FOR |AFTER | INSTEAD OF }
        { [ INSERT ] [ , ] [ UPDATE ] [ , ] [ DELETE ] }
    [ WITH APPEND ]
    [ NOT FOR REPLICATION ]               /*说明该触发器不用于复制*/
AS { sql_statement [ ; ] [ ...n ]
    | EXTERNAL NAME asse MBly_name.class_name.method_name
    }
```

参数说明：

① trigger_name：用于指定触发器名，触发器名必须符合标识符规则，并且在数据库中必须唯一。

② table | view：指在其上执行触发器的表或视图，有时称为触发器表或触发器视图。

③ AFTER：用于说明触发器在指定操作都成功执行后触发，如 AFTER INSERT 表示向表中插入数据时激活触发器。

④ INSTEAD OF：指定用 DML 触发器中的操作代替触发语句的操作。

⑤ {[DELETE] [,] [INSERT] [,] [UPDATE]}：指定激活触发器的语句的类型，必须至少指定一个选项。

⑥ WITH APPEND：指定应该再添加一个现有类型的触发器。

⑦ sql_statement：触发器的 T-SQL 语句，可以有一条或多条语句，指定 DML 触发器触发后将要执行的动作。

1）创建 INSERT 触发器

INSERT 触发器是当对触发器表执行 INSERT 语句时就会激活的触发器。INSERT 触发器可以用来修改，甚至拒绝接收正在插入的记录。

【例 7.9】　建立插入数据触发器，实现当插入新同学的记录时，触发器将自动显示"欢迎新同学的到来！"的提示信息。

在查询窗口中输入如下 T-SQL 语句：

```
CREATE TRIGGER TR_WELCOME
ON Student
AFTER INSERT
AS
PRINT '欢迎新同学的到来！！'
GO
```

执行以下 INSERT 语句可查看触发器触发结果：

```
INSERT Student
VALUES('200811','张绍峰','男','1988-09-22','200802','13937865782',
       'zsf@126.com','广东河源')
GO
```

2）创建 UPDATE 触发器

UPDATE 触发器在对触发器表执行 UPDATE 语句后触发。在执行 UPDATE 触发器时，将触发器表的原记录保存到 deleted 临时表中，将修改后的记录保存到 inserted 临时表中。

【例 7.10】 在课程表 Course 中建立一个 UPDATE 触发器，当用户修改课程的学分时，显示不允许修改学分的提示。

在查询窗口中输入如下 T-SQL 语句：

```
CREATE TRIGGER TR_CREDITS
ON Course
AFTER UPDATE
AS
IF UPDATE (Course_Credits)
    BEGIN
        PRINT '学分不能进行修改！'
        ROLLBACK TRANSACTION
    END
GO
创建 INSTEAD OF 触发器
```

【例 7.11】 在数据库 Student_Info 中创建视图 VIEW_SCORE，包含学生的学号、姓名、课程号和成绩。该视图依赖于学生表 Student、课程表 Course 和选课表 SelectCourse，是不可更新视图。在视图上创建 INSTEAD OF 触发器，当向视图中插入数据时，分别向表 Student 和 SelectCourse 插入数据，从而实现向视图插入数据的功能。

创建视图语句如下：

```
CREATE VIEW VIEW_SCORE
AS
SELECT Student.Student_No, Student_Name, Course_No, SelectCourse_Score
FROM Course INNER JOIN SelectCourse
    ON Course.Course_No = SelectCourse.SelectCourse_CourseNo
    INNER JOIN Student ON SelectCourse.SelectCourse_StudentNo
            = Student.Student_No
GO
```

创建触发器语句如下：

```
CREATE TRIGGER TR_VIEW_SCORE
ON VIEW_SCORE
INSTEAD OF INSERT
AS
BEGIN
DECLARE @sno CHAR(6), @sname CHAR(8), @cno CHAR(5), @score NUMERIC(3,1)
SELECT @sno=Student_No, @sname=Student_Name,
@cno=Course_No, @score=SelectCourse_Score
FROM inserted
INSERT Student (Student_No,Student_Name)
    VALUES (@sno,@sname)
INSERT SelectCourse (SelectCourse_StudentNo, SelectCourse_CourseNo,
```

```
                SelectCourse_Score)
        VALUES  (@sno,@cno,@score)
    END
```

（2）创建 DDL 触发器

DDL 触发器会为响应多种数据定义语言（DDL）语句而激发。这些语句主要是以 CREATE、ALTER 和 DROP 开头的语句。DDL 触发器可用于管理任务，如审核和控制数据库操作。其语法格式如下：

```
CREATE TRIGGER trigger_name
ON {ALL SERVER|DATABASE}[WITH <ddl_trigger_option> [ ,...n ]]
{FOR|AFTER} {event_type|event_group}[,...n]
AS {sql_statement[;] [...n]|EXTERNAL NAME <method specifier>[;]}
```

在响应当前数据库或服务器中处理的 T-SQL 事件时，可以激发 DDL 触发器。触发器的作用域取决于事件。

【例 7.12】　创建服务器作用域的 DDL 触发器，当删除一个数据库时，提示禁止该操作并回滚删除数据库的操作。

T-SQL 语句如下：

```
CREATE TRIGGER TR_SERVER
ON ALL SERVER
AFTER DROP_DATABASE
AS
BEGIN
    PRINT '不能删除该数据库'
    ROLLBACK TRANSACTION
END
```

7.2.3　查看触发器

1．使用 SSMS 查看触发器

使用 SSMS 查看触发器的操作步骤如下。

（1）启动 SSMS，在"对象资源管理器"窗格中展开服务器，然后展开数据库节点，选择并展开表，然后展开触发器选项。

（2）右键单击需要查看的触发器，在弹出的快捷菜单中选择"编写触发器脚本为"→"CREATE 到"→"新查询编辑器窗口"命令。

（3）打开"触发器脚本编辑"窗口，就可以看到触发器的源代码了。

2．使用系统存储过程查看触发器

可以使用系统存储过程 sp_help、sp_helptext 和 sp_depends 分别查看触发器的不同信息。

【例 7.13】　使用系统存储过程查看用户存储过程 UP_COURSE_INFO 的参数和相关性。

T-SQL 语句如下：

```
EXEC sp_helptext TR_STUDENTNO
```

```
EXEC sp_help TR_STUDENTNO
EXEC sp_depends TR_STUDENTNO
```

7.2.4　修改触发器

1. 使用 SSMS 修改触发器

使用 SSMS 修改触发器的操作步骤如下。

（1）启动 SSMS，在"对象资源管理器"窗格中展开服务器，然后展开数据库节点，选择并展开表，然后展开触发器选项。

（2）右键单击需要修改的触发器，在弹出的快捷菜单中选择"修改"命令。

（3）打开"触发器脚本编辑"窗口，在该窗口中，用户可以直接修改定义该触发器的 T-SQL 语句。

2. 使用 T-SQL 语句修改触发器

（1）修改 DML 触发器的语法格式：

```
ALTER TRIGGER [ schema_name . ]trigger_name ON { table | view }
[WITH <dml_trigger_option> [ ,...n ] ]{ FOR | AFTER | INSTEAD OF } { [ INSERT ]
       [ , ] [ UPDATE ] [ , ] [ DELETE ] }
AS { sql_statement [ ; ] [ ,...n ] }
<dml_trigger_option> ::=[ ENCRYPTION ] [ EXECUTE AS Clause ]
```

（2）修改 DDL 触发器的语法格式：

```
ALTER TRIGGER trigger_name
ON {ALL SERVER|DATABASE}[WITH <ddl_trigger_option> [ ,...n ]]
{FOR|AFTER} {event_type|event_group}[,...n]
AS {sql_statement[;] [...n]|EXTERNAL NAME <method specifier>[;]}
```

【例 7.14】　为学生表 Student 创建一个不允许执行添加、更新操作的触发器，然后将其修改为不允许执行添加操作。

操作步骤如下。

（1）在 SSMS 中单击"新建查询"按钮，新建一个查询编辑器窗口。

（2）为学生表 Student 创建一个不允许执行添加、更新操作的触发器 TR_REMINDER，在查询窗口中输入如下 T-SQL 语句：

```
CREATE TRIGGER TR_REMINDER
ON Student
WITH ENCRYPTION
AFTER INSERT, UPDATE
AS
BEGIN
    PRINT '不能对该表执行添加、更新操作'
  ROLLBACK
END
```

（3）接着修改触发器 TR_REMINDER，将其修改为不允许执行添加操作。在 SSMS 中新建查询窗口中输入如下 T-SQL 语句：

```
ALTER TRIGGER TR_REMINDER
ON Student
AFTER INSERT
AS
BEGIN
    PRINT '不能对该表执行添加操作'
    ROLLBACK
END
```

7.2.5 启用与禁用触发器

1. 使用 SSMS 启用与禁用触发器

（1）启动 SSMS，在"对象资源管理器"窗格中展开服务器，然后展开数据库节点，选择并展开表，然后展开触发器选项。

（2）右键单击需要禁用的触发器，在弹出的快捷菜单中选择"禁用"命令。已禁用的触发器还可以再"启动"，右键单击需要启动的触发器，在弹出的快捷菜单中选择"启动"命令。

2. 使用 T-SQL 语句启用与禁用触发器

禁用和启用触发器的语法格式如下：

```
ALTER TABLE table_name
{ENABLE|DISABLE} TRIGGER
{ALL| trigger_name [,...n]}
```

使用该语句可以禁用或启用指定表上的某些触发器或所有触发器。

7.2.6 删除触发器

1. 使用 SSMS 删除触发器

（1）启动 SSMS，在"对象资源管理器"窗格中展开服务器，然后展开数据库节点，选择并展开表，然后展开触发器选项。

（2）右键单击需要禁用的触发器，在弹出的快捷菜单中选择"删除"命令。

（3）打开"删除对象"对话框。单击"确定"按钮，即可删除该触发器。

2. 使用 T-SQL 语句删除触发器

使用系统命令 DROP TRIGGER 删除指定的触发器。其语法形式如下：

```
DROP TRIGGER { trigger } [ ,...n ]
```

【例 7.15】 使用系统命令删除触发器 TR_REMINDER。

T-SQL 语句如下：

```
DROP TRIGGER TR_REMINDER
GO
```

7.3　实验 6——存储过程和触发器的应用

7.3.1　实验目的

1．掌握创建存储过程的方法和步骤；
2．掌握存储过程的使用方法；
3．掌握创建触发器的方法和步骤；
4．掌握触发器的使用方法。

7.3.2　实验准备

1．了解存储过程的基本概念和类别；
2．了解创建存储过程的 SQL 语句的基本句法；
3．了解查看、执行、修改和删除存储过程的 SQL 命令的用法；
4．了解触发器的基本概念和类别；
5．了解创建触发器的 SQL 语句的基本句法；
6．了解查看、执行、修改和删除触发器的 SQL 命令的用法。

7.3.3　实验内容

1．使用存储过程

（1）使用 Student 数据库中的"学生"表、"课程注册"表、"课程"表，创建一个带参数的存储过程——cjcx。该存储过程的作用是：当输入一个学生的姓名时，将从三个表中返回该学生的学号、选修的课程名称和课程成绩；

（2）执行 cjcx 存储过程，查询某学生的学号、选修课程和课程成绩；

（3）使用系统存储过程 sp_helptext 查看存储过程 cjcx 的文本信息；

（4）使用 Student 数据库中的学生表，为其创建一个加密的存储过程——jmxs。该存储过程的作用是：当执行该存储过程时，将返回计算机系学生的所有信息；

（5）执行 jmxs 存储过程，查看计算机系学生的情况；

（6）删除 jmxs 存储过程。

2．使用触发器

（1）在 YGKQ 数据库中建立一个名为 insert_qqlb 的 INSERT 触发器，存储在 JBQK 表中。该触发器的作用是：当用户向 JQBK 表中插入纪录时，如果插入了在 QQLX 表中没有的缺勤类别，则提示用户不能插入记录并回滚该插入操作，否则提示记录插入成功；

（2）为 YGKQ 数据库中的 QQLX 表创建一个名为 dele_jzsc 的 DELETE 触发器，该触发器的作用是禁止删除 QQLX 表中的记录；

（3）为 YGKQ 数据库中的 QQLX 表创建一个名为 update_jzgx 的 UPDATE 触发器，该触发器的作用是禁止更新 QQLX 表中的"缺勤名称"子段的内容；

（4）禁用 update_jzgx 触发器；

（5）删除 update_jzgx 触发器。

第8章 函 数

在 T-SQL 语言中，函数被用来执行一些特殊的运算以支持 SQL Server 的标准命令。SQL Server 包含多种不同的函数，每个函数都有一个名称，名称后有一对圆括号，大部分的函数在使用时需要在圆括号中输入一个或多个参数。

SQL Server 不仅提供了系统内置函数供用户直接调用，还允许用户创建自己的函数。

8.1 系统内置函数

在程序设计过程中，常常需要调用系统提供的函数。T-SQL 编程语言提供多种系统内置函数，常用的有以下三类：行集函数、聚合函数和标量函数。

1. 行集函数

行集函数将返回一个可用于代替 Transact-SQL 语句中表引用的对象。SQL Server 2008 主要提供了如下行集函数。

（1）CONTAINSTABLE：对于基于字符类型的列，按照一定的搜索条件进行精确或模糊匹配，然后返回一个表，该表可能为空。

（2）FREETEXTTABLE：为基于字符类型的列返回一个表，其中的值符合指定文本的含义，但不符合确切的表达方式。

（3）OPENDATASOURCE：提供与数据源的连接。

（4）OPENQUERY：在指定数据源上执行查询。

（5）OPENROWSET：包含访问 OLE DB 数据源中远程数据所需的全部连接信息。

（6）OPENXML 函数：通过 XML 文档提供行集视图。

2. 聚合函数

聚合函数对一组值操作，返回单一的汇总值。除了 count() 以外，聚合函数都会忽略空值。聚合函数经常与 SELECT 语句的 GROUP BY 字句一起使用。常用的聚合函数如下。

（1）count()：返回组中的总条数，count(*) 返回组中所有条数，包括 NULL 值和重复值项，如果书写表达式，则忽略空值，表达式为任意表达式。

（2）max()：返回组中的最大值，空值将被忽略，表达式为数值表达式、字符串表达式、日期。

（3）min()：返回组中的最小值，空值将被忽略，表达式为数值表达式、字符串表达式、日期。

（4）sum()：返回组中所有值的和，空值将被忽略，表达式为数据表达式。

（5）avg()：返回组中所有值的平均值，空值将被忽略，表达式为数据表达式。

3. 标量函数

标量函数对单一值进行运算，其返回值也是单一值。标量函数的特点：输入参数的类型为基本类型，返回值也为基本类型。SQL Server 2008 主要包含如下几类标量函数：

（1）配置函数；

（2）系统函数；

（3）系统统计函数；

（4）数学函数；

（5）字符串处理函数；

（6）日期时间函数；

（7）游标函数；

（8）文本和图像函数；

（9）元数据函数；

（10）安全函数。

8.2　常用系统标量函数

启动 SQL Server Management Studio，在对象资源管理器中展开"数据库"节点，任选一用户数据库，展开其下级的"可编程性"→"函数"→"系统函数"，如图 8.1 所示，可查看 SQL Server 2008 提供的所有系统标量函数。

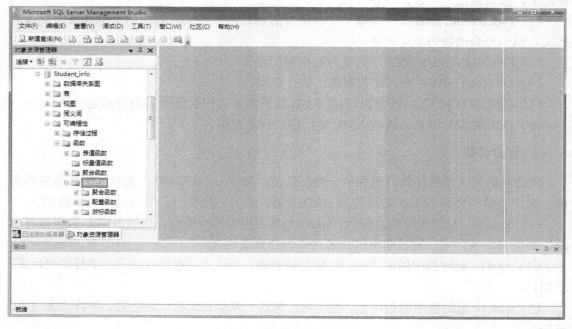

图 8.1　查看系统标量函数

下面对系统函数进行简单介绍。

1．配置函数

配置函数用于返回当前配置选项设置的信息。全局变量是以函数形式使用的，配置函数一般都是全局变量名。

2．数学函数

数学函数主要用于对数值表达式进行数学运算，并返回运算结果。数学函数可以对 SQL Server 提供的数值数据（decimal、integer、float、real、money、smallint 和 tinyint）进行处理，常用的数学函数如下。

（1）ABS(numeric_expression)：返回给定数字表达式的绝对值。参数 numeric_expression 为数字型表达式（bit 数据类型除外），返回值类型与 numeric_expression 相同。

（2）RAND([seed])：返回 0～1 之间的一个随机值。

（3）mod(numeric_expr, numeric_expr)：求除法余数。

（4）round(numeric_expr,int_expr)：按 int_expr 规定的精度四舍五入。

（5）ceiling(numeric_expr)：取大于等于指定值的最小整数。

（6）avg(numeric_expr)：取平均数。

（7）exp(float_expr)：取指数。

（8）floor(numeric_expr)：小于等于指定值的最大整数。

（9）pi( )：3.1415926…

（10）power(numeric_expr,power)：返回 power 次方。

（11）sign(int_expr)：根据 int_expr 为正数、0、负数分别返回+1、0、−1。

（12）sqrt(float_expr)：平方根。

3．字符串处理函数

字符串处理函数用于对字符串进行处理。在此介绍一些常用的字符串处理函数，主要可分为三类。

（1）长度与分析用

datalength(char_expr)：返回字符串包含的字符数，但不包含后面的空格。

substring(expression, start, length)：取子串。

right(char_expr, int_expr)：返回字符串右边 int_expr 个字符。

（2）字符操作类

upper(char_expr)：转为大写。

lower(char_expr)：转为小写。

space(int_expr)：生成 int_expr 个空格。

replicate(char_expr, int_expr)：复制字符串 int_expr 次。

reverse(char_expr)：反转字符串。

stuff(char_expr1, start, length,char_expr2)：将字符串 char_expr1 中的从 start 处开始的 length 个字符用 char_expr2 代替。

ltrim(char_expr)/rtrim(char_expr)：两函数对应，分别删除前导空格和删除尾随空格。

ascii(char)/char(ascii)：两函数对应，分别为求字符的 ASCII 码和根据 ASCII 码求字符。

（3）字符串查找

charindex(char_expr, expression)：返回 char_expr 的起始位置。

patindex("%pattern%", expression)：返回指定模式的起始位置，否则为 0。

4．系统函数

系统函数用于对 SQL Server 中的值、对象和设置进行操作并返回相关信息。

（1）CAST 和 CONVERT 函数：CAST、CONVERT 这两个函数的功能都是实现数据类型的转换，但 CONVERT 的功能更强一些。常用的类型转换有以下几种情况：日期型→字符型、字符型→日期型、数值型→字符型。

语法格式：

```
CAST (expression AS data_type[(length)])
CONVERT (data_type [(length)], expression [, style])
```

说明：这两个函数将 expression 表达式的类型转换为 data_type 所指定的类型。

（2）COALESCE (expression [,...n])：返回参数表中第一个非空表达式的值，如果所有自变量均为 NULL，则 COALESCE 返回 NULL 值。

（3）ISNUMBRIC(expression)：用于判断一个表达式是否为数值类型。如果输入表达式的计算值为有效的整数、浮点数、money 或 decimal 类型，则 ISNUMERIC 返回 1，否则返回 0。

5．日期时间函数

日期时间函数用于对 SQL Server 中的日期时间信息进行操作，可用在 SELECT 语句的选择列表或 WHERE 子句中。

（1）GETDATE ()：按 SQL Server 标准内部格式返回当前系统日期和时间。返回值类型为 datetime。

（2）YEAR(date)、MONTH(date)、DAY(date)：这三个函数分别返回指定日期的年、月、日部分，返回值都为整数。

6．游标函数

游标函数用于返回有关游标的信息。主要的游标函数如下。

（1）@@CURSOR_ROWS：返回最后打开的游标中当前存在的满足条件的行数。

（2）CURSOR_STATUS：显示游标状态是打开还是关闭。

（3）@@FETCH_STATUS：返回 FETCH 语句执行后游标的状态。

7．元数据函数

元数据是用于描述数据库和数据库对象的。元数据函数用于返回有关数据库和数据库对象的信息。

（1）DB_ID (['database_name'])：系统在创建数据库时，自动为其创建一个标识号。

（2）DB_NAME（database_id）：根据参数 database_id 所给的数据库标识号，返回数据库名。

8.3　用户自定义函数

尽管系统提供了许多内置函数，用户可以在编程时按需要调用。但由于应用环境的千差万别，往往还需要使用用户自定义函数，提高应用程序的开发效率，保证程序的高质量。

用户自定义函数可以有输入参数并返回值，但没有输出参数。当函数的参数有默认值时，调用该函数时必须明确指定 DEFAULT 关键字才能获取默认值。

用户可在 SSMS 的对象资源管理器下，展开目标数据库节点，依次展开"可编程性"→"函数"→"标量值函数"，右键单击"标量值函数"选项，在弹出的快捷菜单中选择新建标量值函数，打开新建函数页面，如图 8.2 所示，输入 CREATE FUNCTION 语句创建函数；也可在查询编辑器中输入 CREATE FUNCTION 语句创建函数。

图 8.2　新建函数页面

1．创建用户自定义函数

（1）创建标量函数

创建标量函数的语法格式如下：

```
CREATE FUNCTION [所有者名称.]函数名称
[({@参数名称 [AS] 参数数据类型=[默认值]}[...n])]
RETURNS 标量数据类型
[AS]
BEGIN
    函数体
```

```
        RETURN 标量表达式
    END
```

【例 8.1】 自定义一个函数，其功能是将一个百分制的成绩按范围转换成"优秀"、"良好"、"及格"或"不及格"。

```
CREATE FUNCTION Score_Grade        --定义函数名
(@Grade INT)                       --参数表中定义输入参数
RETURNS CHAR(8)                    --定义返回值数据类型
AS
BEGIN                              --函数体开始
    DECLARE @info CHAR(8)          --定义一个字符类型局部变量，用于存放返回值
    IF @Grade>=90 SET @info='优秀'
    ELSE IF @Grade>=80 SET @info='良好'
    ELSE IF @Grade>=60 SET @info='及格'
    ELSE SET @info='不及格'
    RETURN @info
END                                --函数体结束
```

用户在使用 T-SQL 命令方式创建用户自定义函数后，单击 SSMS 中的对象资源管理器，在数据库下级节点"可编程性"→"函数"→"标量值函数"下，可以查看已创建完成的用户自定义函数。

（2）建立内嵌表值函数

因为标量函数规定一次调用只能返回一个单值，它一般用于表达式中，其功能较局限。如果想通过一次函数调用返回多个值，标量函数无法实现。因此 T-SQL 提供了功能强大的内嵌表值函数。

创建内嵌表值函数的语法格式如下：

```
CREATE FUNCTION [所有者名称.]函数名称
[({@参数名称 [AS] 参数数据类型=[默认值]}[...n])]
RETURNS TABLE
[AS]
RETURN [(SELECT 语句)]
```

【例 8.2】 定义一个内嵌表值函数，通过课程名称、系名称，可以查询某系中选修了该课程的全部学生名单和成绩。

```
CREATE FUNCTION DeptCourse_Grade (@cname varchar(40), @dept char(16)
RETURNS TABLE
AS
RETURN(SELECT 姓名=Student_Name,课程名 =Course_Name,SelectCourse_Score
       成绩
FROM SelectCourse, Student, Course, Class, Department
WHERE SelectCourse.SelectCourse_StudentNo =Student.Student_No AND
    SelectCourse.SelectCourse_CourseNo =Course.Course_No AND
    Course.Course_Name =@cname AND Student.Student_ClassNo=Class.Class_No AND
    Class.Class_DepartmentNo =Department.Department_No AND
    Department. Department_Name =@dept)
```

（3）创建多语句表值函数

创建多语句表值函数的语法格式如下：

```
CREATE FUNCTION [所有者名称.]函数名称
[({@参数名称 [AS] 参数数据类型=[默认值]}[...n])]
RETURNS @表名变量 TABLE 表的定义
[AS]
BEGIN
    函数体
    RETURN
END
```

【例 8.3】　查询指定班级每个学生的选课数，该函数接收输入的班级编号，返回学生的选课数。

```
CREATE FUNCTION Class_CourseCount (@classno char(6))
RETURNS @STU_CLASS TABLE(学号 CHAR(8) PRIMARY KEY, 姓名 CHAR(10), 选课数 INT)
AS
BEGIN
    DECLARE @OrderCls TABLE(学号 CHAR(8), 选课数 INT)
    INSERT @OrderCls
        SELECT 学号= SelectCourse_StudentNo, 选课数=COUNT(SelectCourse_CourseNo)
        FROM SelectCourse GROUP BY SelectCourse_StudentNo
    INSERT @STU_CLASS
        SELECT 学号=Student.Student_No, 姓名= Student_Name, B.选课数
        FROM Student,@OrderCls B
        WHERE Student.Student_No =B.学号 AND Student_ClassNo = @classno
    RETURN
END
```

2. 函数的调用

当调用用户定义的标量函数时，必须提供至少由两部分组成的名称（架构名.函数名）。可用以下两种方式调用标量函数。

（1）在 SELECT 语句中调用

调用形式：架构名.函数名(实参 1,…,实参 n)。

实参可为已赋值的局部变量或表达式。

【例 8.4】标量函数的调用，使用之前定义的函数 Score_Grade，查询课程编号为"10001"的学生的成绩。

```
SELECT 姓名=Student_Name, 课程名称=Course_Name, 成绩=dbo.Score_Grade
        (SelectCourse_Score)
FROM SelectCourse, Course, Student
WHERE SelectCourse.SelectCourse_StudentNo =Student.Student_No AND
    SelectCourse.SelectCourse_CourseNo =Course.Course_No AND
    SelectCourse.SelectCourse_CourseNo ='10001'
```

（2）利用 EXEC 语句执行

在用 T-SQL EXECUTE（EXEC）语句调用用户函数时，参数的标识次序与函数定义中的参数标识次序可以不同。

调用形式：

```
架构名.函数名 实参1,...,实参 n 或
架构名.函数名 形参名 1=实参 1,..., 形参名 n=实参 n
```

【例 8.5】　同例 8.4，利用 EXEC 调用 Score_Grade 函数，查询课程编号为"10001"的学生的成绩。

```
DECLARE @Score1 char 4)
EXEC @aver1 = dbo.Score_Grade @Grade = '10001'
        过 EXEC 调用函数，将返回值赋给局部变量*/
SELECT 姓名=Student_Name, 课程名称=Course_Name, 成绩=@Score1
FROM SelectCourse, Course, Student
WHERE SelectCourse.SelectCourse_StudentNo =Student.Student_No AND
    SelectCourse.SelectCourse_CourseNo =Course.Course_No AND
    SelectCourse.SelectCourse_CourseNo ='10001'
```

（3）内嵌表值函数的调用

内嵌表值函数只能通过 SELECT 语句调用，内嵌表值函数在调用时，可以仅使用函数名。其语法形式为：

```
SELECT  *
    ROM 架构名.函数名(实参1,...,实参 n)
```

（4）多表值函数的调用

多表值函数的调用与内嵌表值函数的调用方法相同，通过 SELECT 语句调用。其语法形式为：

```
SELECT  *
    ROM 架构名.函数名(实参1,...,实参 n)
```

3. 户自定义函数的删除

对于一个已创建的用户自定义函数，可用两种方法删除：

（1）通过对象资源管理器，在目标数据的函数列表中以右键功能菜单删除；

（2）利用 T-SQL 语句 DROP FUNCTION 删除，语法格式如下：

```
DROP FUNCTION {[schema_name. ] function_name} [,...n]
```

说明：function_name 是要删除的用户定义的函数名称。可以选择是否指定架构名称，但不能指定服务器名称和数据库名称。可以一次删除一个或多个用户定义函数。

8.4　实验 7——函数的应用

8.4.1　实验目的

1. 掌握 SQL Server 2008 中常用函数的用法；
2. 掌握用户自定义函数的类型；
3. 掌握用户自定义函数的使用方法。

8.4.2 实验准备

1．了解系统提供的常用数学函数、日期时间函数、字符串处理函数和数据类型转换函数的用法；

2．了解用户自定义函数的类型；

3．了解标量函数的创建和使用方法；

4．了解内嵌表值函数的创建和使用方法；

5．了解多语句表值函数的创建和使用方法；

6．了解查看、修改和删除用户自定义函数的 T-SQL 命令的用法。

8.4.3 实验内容

以下实验在 Student 数据库中完成。

1．使用系统函数

（1）以所在系代码为分组条件，统计"学生"表中各系的人数；

（2）使用适当字符串处理函数在学生表中查找姓张的同学，并显示其出生年月；

（3）在课程注册表中，使用适当函数找出"高等数学"课程的最高成绩、最低成绩和平均成绩。

2．使用用户自定义函数

（1）使用 Student 数据库中适当的表，创建一个自定义函数 kccj，该函数可以根据输入的学生姓名返回该学生选修的课程名称和成绩；

（2）使用 Student 数据库中适当的表，创建一个自定义函数 xbxs，该函数可以根据输入的所在系代码返回学生的学号、姓名和入学时间；

（3）使用系统存储过程 sp_helptext 查看 kccj 函数的文本信息；

（4）修改 kccj 函数，使该函数根据输入的学生学号返回该学生的姓名、选修课程名称和成绩；

（5）删除 xbxs 函数。

第 9 章　T-SQL 语言

T-SQL 是 SQL Server 提供的查询语言，使用 T-SQL 编写应用程序可以完成所有的数据库管理工作。在 SQL Server 2008 中，可以根据需要使用 T-SQL 语言把若干命令组合起来，完成对数据库的操作。

9.1　SQL 与 T-SQL

1. SQL 语言

SQL（Structured Query Language）语言的全名是结构化查询语言，是一种介于关系代数与关系演算之间的结构化查询语言，其功能并不仅仅是查询，SQL 语言是一个通用的、功能极强的关系数据库语言。

作为关系数据库的标准语言，它已被众多商用数据库管理系统产品所采用，不过，不同的数据库管理系统在其实践过程中都对 SQL 规范做了某些改变和扩充。所以，实际上，不同数据库管理系统之间的 SQL 语言不能完全通用。

2. T-SQL 语言

T-SQL 是 SQL 语言的一种版本，且只能在微软 MS SQL-Server 及 Sybase Adaptive Server 系列数据库上使用。

T-SQL 是 ANSI SQL 的扩展加强版语言，除了提供标准的 SQL 命令之外，T-SQL 还对 SQL 做了许多补充，提供了类似 C、BASIC 和 Pascal 的基本功能，如变量说明、流控制语言、功能函数等。尽管 SQL Server 2008 提供了使用方便的图形化用户界面，但各种功能的实现基础是 T-SQL 语言，只有 T-SQL 语言可以直接和数据库引擎进行交互。

在 SQL Server 数据库中，T-SQL 语言由以下几部分组成。

（1）数据定义语言（DDL）

DDL 用于执行数据库的任务，对数据库及数据库中的各种对象进行创建、删除、修改等操作。如前所述，数据库对象主要包括表、默认约束、规则、视图、触发器、存储过程。DDL 包括的主要语句及功能如表 9.1 所示。

表 9.1　DDL 包括的主要语句及功能

语　句	功　能	说　明
CREATE	创建数据库或数据库对象	不同数据库对象，其 CREATE 语句的语法形式不同
ALTER	对数据库或数据库对象进行修改	不同数据库对象，其 ALTER 语句的语法形式不同
DROP	删除数据库或数据库对象	不同数据库对象，其 DROP 语句的语法形式不同

（2）数据操纵语言（DML）

DML 用于操纵数据库中的各种对象，检索和修改数据。DML 包括的主要语句及功能如表 9.2 所示。

表 9.2　DML 包括的主要语句及功能

语　句	功　能	说　明
SELECT	从表或视图中检索数据	是使用最频繁的 SQL 语句之一
INSERT	将数据插入到表或视图中	
UPDATE	修改表或视图中的数据	既可修改表或视图的一行数据，也可修改一组或全部数据
DELETE	从表或视图中删除数据	可根据条件删除指定的数据

（3）数据控制语言（DCL）

DCL 用于安全管理，确定哪些用户可以查看或修改数据库中的数据。DCL 包括的主要语句及功能如表 9.3 所示。

表 9.3　DCL 包括的主要语句及功能

语　句	功　能	说　明
GRANT	授予权限	可把语句许可或对象许可的权限授予其他用户和角色
REVOKE	收回权限	与 GRANT 的功能相反，但不影响该用户或角色从其他角色中作为成员继承许可权限
DENY	收回权限，并禁止从其他角色继承许可权限	功能与 REVOKE 相似，不同之处是，除收回权限外，还禁止从其他角色继承许可权限

（4）T-SQL 增加的语言元素

这部分不是 ANSI SQL 所包含的内容，而是微软为了用户编程的方便而增加的语言元素。这些语言元素包括变量、运算符、流程控制语句、函数等。这些 T-SQL 语句都可以在查询分析器中交互执行。

9.2　注释符和标识符

9.2.1　注释符

注释，也称为注解，是程序员写在程序代码中的说明性文字，用于对程序的结构和功能进行文字说明。注释内容不被编译，也不被执行，仅用于增加程序的可读性。

T-SQL 语言中可使用两种注释符：行注释和块注释。

1．行注释

行注释符为 "--"，这是 ANSI 标准的注释符，用于单行注释。

2．块注释

块注释符为 "/*…*/"，"/*" 用于注释文字的开头，"*/" 用于注释文字的末尾。块注释符可在程序中注释多行文字。

9.2.2　标识符

1．标识符的分类

在 SQL Server 中标识符共有两种类型：一种是规则标识符（Regular Identifier），另一种是界定标识符（Delimited Identifier）。

2．标识符格式

标识符格式有以下要求：

（1）标识符必须是统一码（Unicode）2.0 标准中规定的字符，包括 26 个英文字母及其他一些语言字符（如汉字）；

（2）标识符后的字符可以是"_"、"@"、"#"、"$"及数字；

（3）标识符不允许是 T-SQL 的保留字（关键字）；

（4）标识符内不允许有空格和特殊字符；

（5）标识符不区分大小写。

9.3　常量与变量

9.3.1　常量

常量是指在程序运行过程中值保持不变的量。T-SQL 的常量主要有以下几种。

1．字符串常量

字符串常量包含在单引号之内，由字母数字（如 a～z，A～Z，0～9)及特殊符号（!，@，#）组成。

2．数值常量

（1）Bit 常量

Bit 常量用 0 或 1 表示。

（2）Integer 常量

Integer 常量即整数常量，不包含小数点，如 1968。

（3）Decimal 常量

Decimal 常量可以包含小数点的数值常量。

（4）Float 常量和 Real 常量

Float 常量和 Real 常量使用科学计数法表示，如 101.5E6 等。

（5）Money 常量

Money 常量为货币类型，以$作前缀，可以包含小数点。

3．日期常量

日期常量使用特定格式的字符日期表示，并用单引号括起来。SQL Server 可以识别如下格式的日期和时间。

（1）字母日期格式，例如，'April 20,2012'。

（2）数字日期格式，例如，'04/15/2010'，'2010-04-15'。

（3）未分隔的字符串格式，例如，'20101207'。

9.3.2　变量

变量是指在程序运行过程中其值可以改变的量，按照变量的可见范围划分，可分为局部变量和全局变量。局部变量是一个能够保存特定数据类型实例的对象，是程序中各种数据类型的临时存储单元；全局变量是系统给定的特殊变量。

1．局部变量

局部变量是用户在程序中定义的变量，一次只能保存一个值，它仅在定义的批处理范围内有效。局部变量可以临时存储数值。局部变量名以@符号开始，最长为 128 个字符。

（1）局部变量的声明

使用 DECLARE 语句声明局部变量，定义局部变量的名称、数据类型，有些还需要确定变量的长度。局部变量声明格式为：

```
DECLARE @变量名 数据类型 [,...n]
```

（2）给局部变量赋值

其语法格式为：

```
SET @变量名=表达式
```

或者

```
SELECT @变量名=表达式 FROM 表名 WHERE 条件表达式
```

（3）局部变量的作用域

局部变量只能在声明它的批处理、存储过程或触发器中使用。而且引用它的语句必须在声明语句之后。也就是说需满足"先声明，后引用"的原则。即变量的作用域局限于定义它的批处理、存储过程或触发器中，一旦离开定义单元，局部变量也将自动消失。

2．全局变量

全局变量是 SQL Server 系统提供并赋值的变量。用户不能定义全局变量，也不能用 SET 语句来修改全局变量。通常是将全局变量的值赋给局部变量，以便保存和处理。

事实上，在 SQL Server 中，全局变量是一组特定的函数，它们的名称以"@@"开头，而且不需要任何参数，因此也被称为无参函数。

大部分的全局变量用于记录 SQL Server 服务器的当前状态信息，通过引用这些全局变量，可以查询服务器的相关信息和操作的相关状态。

【例 9.1】 利用全局变量查看 SQL Server 的版本、当前使用的语言、服务器及服务器名称。

在查询编辑器中输入如下 T-SQL 语句：

```
PRINT '所用 SQL sever 的版本信息'
PRINT @@version
PRINT ''
PRINT '服务器名称为： '+@@servername
PRINT '所用的语言为： '+@@language
PRINT '所用的服务为： '+@@servicename
GO
```

9.3.3 数据类型

SQL Server 2008 支持两种数据类型：一种是系统数据类型，另一种是用户自定义的数据类型。系统数据类型在表的相关操作中已经进行了详细介绍，因此本节主要介绍用户自定义的数据类型。

1. 用户自定义数据类型的定义

在创建用户自定义数据类型时，首先应考虑如下三个属性：数据类型名称、数据类型所依据的系统数据类型（又称为基类型）、是否允许为空。

使用对象资源管理器定义，创建用户自定义数据类型的步骤如下。

第 1 步：启动 SQL Server Management Studio，在对象资源管理器中展开"数据库→可编程性"，右键单击"类型"，选择"新建"选项，再选择"新建用户定义数据类型"，弹出"新建用户定义数据类型"窗口。

第 2 步：在"名称"文本框中输入自定义的数据类型名称；在"数据类型"下拉框中选择自定义数据类型所基于的系统数据类型；在"长度"栏中填写要定义的数据类型的长度；其他选项使用默认值；单击"确定"按钮即可完成创建。

2. 用户自定义数据类型的删除

（1）在 SSMS 中删除用户自定义数据类型

在 SSMS 中删除用户自定义数据类型的主要步骤如下：

在对象资源管理器中展开"数据库→可编程性→类型"，在"用户定义数据类型"中选择目标数据类型，单击鼠标右键，在弹出的快捷菜单中选择"删除"命令，打开"删除对象"窗口后单击"确定"按钮即可。

（2）使用命令删除用户自定义数据类型

使用命令方式删除自定义数据类型可以使用 DROP TYPE 语句。语法格式：

```
DROP TYPE [ schema_name. ] type_name [ ; ]
```

【例 9.2】 删除前面定义的 student_num 类型的语句。

```
DROP TYPE student_num
```

9.4　运算符与表达式

9.4.1　运算符

运算符是一种符号,用来指定要在一个或多个表达式中执行的操作。在 SQL Server 2008 中,运算符主要有以下 6 大类:算术运算符、赋值运算符、位运算符、比较运算符、逻辑运算符、字符串连接运算符。

1．算术运算符

算术运算符可以在两个表达式上执行数学运算,这两个表达式可以是任何数字数据类型。算术运算符包括加(+)、减(−)、乘(*)、除(/)和取模(%)。加(+)、减(−)运算符还可用于对日期时间类型的值进行算术运算。

2．赋值运算符

T-SQL 中只有一个赋值运算符,即等号(=)。赋值运算符使用户能够将数据值指派给特定的对象。另外,还可以使用赋值运算符在列标题和为列定义值的表达式之间建立关系。

3．位运算符

位运算符在两个表达式之间执行位运算操作,这两个表达式的类型可为整型或与整型兼容的数据类型(如字符型等,但不能为 image 类型)。位运算符如表 9.4 所示。

表 9.4　位运算符

运　算　符	运　算　规　则
&	两个位均为 1 时,结果为 1,否则为 0
|	只要一个位为 1,则结果为 1,否则为 0
^	两个位值不同时,结果为 1,否则为 0

4．比较运算符

比较运算符也称为关系运算符,用于比较两个表达式的大小或是否相同,其比较的结果是布尔值,即 TRUE(表示表达式的结果为真)、FALSE(表示表达式的结果为假)以及 UNKNOWN。除了 text、ntext 或 image 数据类型的表达式外,比较运算符可以用于所有的表达式。

表 9.5　比较运算符

运　算　符	含　义	运　算　符	含　义
=	相等	<=	小于等于
>	大于	<>、!=	不等于
<	小于	!<	不小于
>=	大于等于	!>	不大于

5．逻辑运算符

逻辑运算符用于对某个条件进行测试,运算结果为 TRUE 或 FALSE。SQL Server 提供的逻辑运算符如表 9.6 所示。

表 9.6 逻辑运算符

运 算 符	运 算 规 则
AND	如果两个操作数值都为 TRUE，则运算结果为 TRUE
OR	如果两个操作数中有一个为 TRUE，则运算结果为 TRUE
NOT	若一个操作数值为 TRUE，则运算结果为 FALSE，否则为 TRUE
ALL	如果每个操作数值都为 TRUE，则运算结果为 TRUE
ANY	在一系列操作数中只要有一个为 TRUE，则运算结果为 TRUE
BETWEEN	如果操作数在指定的范围内，则运算结果为 TRUE
EXISTS	如果子查询包含一些行，则运算结果为 TRUE
IN	如果操作数值等于表达式列表中的一个，则运算结果为 TRUE
LIKE	如果操作数与一种模式相匹配，则运算结果为 TRUE
SOME	如果在一系列操作数中，有些值为 TRUE，则运算结果为 TRUE

（1）ANY、SOME、ALL、IN 的使用

可以将 ALL 或 ANY 关键字与比较运算符组合进行子查询。SOME 的用法与 ANY 相同。以 ">" 比较运算符为例。

- \>ALL 表示大于每一个值，即大于最大值。
- \>ANY 表示至少大于一个值，即大于最小值。
- =ANY 运算符与 IN 等效。
- <>ALL 与 NOT IN 等效。

（2）BETWEEN 的使用

语法格式：

```
test_expression [ NOT ] BETWEEN begin_expression AND end_expression
```

（3）LIKE 的使用

语法格式：

```
match_expression [ NOT ] LIKE pattern [ ESCAPE Escape_character ]
```

确定给定的字符串是否与指定的模式匹配，若匹配，则运算结果为 TRUE，否则为 FALSE。

（4）EXISTS 与 NOT EXISTS 的使用

语法格式：

```
EXISTS subquery
```

用于检测一个子查询的结果是否不为空，若是，则运算结果为真，否则为假。

6. 字符串连接运算符

加号（+）是字符串连接运算符，可以用它将字符串连接起来。在 SQL Server 2008 中，允许使用加号对两个或多个字符串进行串联。

【例 9.3】 语句 SELECT 'abc'+'def'，其结果为 abcdef。

7．一元运算符

一元运算符有+（正）、−（负）和~（按位取反）三个。

8．运算符的优先顺序

当一个复杂的表达式中包含多种运算符时，运算符的优先顺序将决定表达式的计算和比较顺序。在一个表达式中，按先高（优先级数字小）后低（优先级数字大）的顺序进行运算。当一个表达式中的两个运算符有相同的运算符优先级别时，将按照它们在表达式中的位置对其从左到右进行求值。运算符优先级如表 9.7 所示。

表 9.7　运算符优先级

运　算　符	优　先　级	运　算　符	优　先　级
+（正）、−（负）、~（按位 NOT）	1	NOT	6
*（乘）、/（除）、%（模）	2	AND	7
+（加）、+（串联）、−（减）	3	ALL、ANY、BETWEEN、IN、LIKE、OR、SOME	8
=, >, <, >=, <=, <>, !=, !>, !< 比较运算符	4	=（赋值）	9
^（位异或）、&（位与）、|（位或）	5		

9.4.2　表达式

表达式就是常量、变量、列名、复杂计算、运算符和函数的组合。表达式通常可以得到一个值，并且值也具有某种数据类型。这样根据表达式的值的类型，表达式可分为字符型表达式、数值型表达式和日期时间型表达式。表达式一般用在 SELECT 及 SELECT 语句的 WHERE 子句中，还可以根据值的复杂性来分类。

如果表达式的结果只是一个值，如一个数值、一个单词或一个日期，则这种表达式称为标量表达式，如 1+2，'a'>'b'。如果表达式的结果是由不同类型数据组成的一行值，则这种表达式称为行表达式。如果表达式的结果为一个或多个行表达式的集合，则这个表达式称为表表达式。

9.5　流控制语句

SQL Server 支持结构化编程方法，对顺序结构、选择分支结构和循环结构，都有相应的语句来实现。SQL Server 提供了表 9.8 所示的流控制语句。

表 9.8　流控制语句

控　制　语　句	说　　明	控　制　语　句	说　　明
BEGIN…END	语句块	CONTINUE	用于重新开始下一次循环
IF…ELSE	条件语句	BREAK	用于退出最内层的循环
CASE	分支语句	RETURN	无条件返回
GOTO	无条件转移语句	WAITFOR	为语句的执行设置延迟
WHILE	循环语句		

9.5.1　BEGIN…END 语句块

在 T-SQL 中可以定义 BEGIN…END 语句块。当要执行多条 T-SQL 语句时，就需要使用 BEGIN…END 将这些语句定义成一个语句块，作为一组语句来执行。语法格式如下：

```
BEGIN
     { sql_statement | statement_block }
END
```

关键字 BEGIN 是 T-SQL 语句块的起始位置，END 标识同一个 T-SQL 语句块的结尾。sql_statement 是语句块中的 T-SQL 语句。BEGIN…END 可以嵌套使用，statement_block 表示使用 BEGIN…END 定义的另一个语句块。

9.5.2　IF…ELSE 语句

在程序中如果要对给定的条件进行判定，当条件为真或假时，分别执行不同的 T-SQL 语句，可用 IF…ELSE 语句实现。其语法格式如下：

```
IF Boolean_expression
     { sql_statement | statement_block }
[ ELSE
     { sql_statement | statement_block } ]
```

其中，ELSE 子句是可选的，最简单的 IF 语句没有 ELSE 子句部分。IF…ELSE 语句用来判断当某一条件成立时执行某段程序，条件不成立时执行另一段程序。SQL Server 允许嵌套使用 IF…ELSE 语句，而且嵌套层数没有限制。

9.5.3　CASE 语句

1. 简单 CASE 语句

简单 CASE 语句将一个测试表达式与一组简单表达式进行比较，如果某个简单表达式与测试表达式的值相等，则返回相应结果表达式的值，否则返回 ELSE 后面的表达式。其语法格式如下：

```
CASE input_expression
WHEN when_expression THEN result_expression [ ...n ]
[ ELSE else_result_expression ]
END
```

其中，input_expression 是要判断的值或表达式，接下来是一系列的 WHEN-THEN 块，每块的 when_expression 参数指定要与 input_expression 比较值，如果为真，就执行 result_expression 中的 T-SQL 语句。如果前面的每块都不匹配，就会执行 ELSE 块指定的语句。CASE 语句最后以 END 关键字结束。

2. 搜索 CASE 语句

与简单 CASE 语句不同的是，在搜索 CASE 语句中，CASE 关键字后面不跟任何表达式，在各 WHEN 关键字后面跟的都是逻辑表达式，其语法格式如下：

```
CASE WHEN Boolean_expression THEN result_expression [ ...n ]
[ELSE else_result_expression]
END
```

搜索 CASE 语句的执行过程为：如果 WHEN 后面的逻辑表达式 Boolean_expression 为真，则返回 THEN 后面的表达式 result_expression，然后判断下一个逻辑表达式，如果所有的逻辑表达式都为假，则返回 ELSE 后面的表达式。与第一种格式相比，这种格式能够实现更为复杂的条件判断，使用起来更方便。

9.5.4　循环语句

如果需要重复执行程序中的一部分语句，则可使用 WHILE 循环语句实现。其语法格式如下：

```
WHILE Boolean_expression
{ sql_statement | statement_block }
[ BREAK ]
{ sql_statement | statement_block }
[ CONTINUE ]
```

WHILE…CONTINUE…BREAK 语句的功能是可以重复执行 SQL 语句或语句块。当 WHILE 后面的条件为真时，就重复执行语句。CONTINUE 语句一般用在循环语句中，用于结束本次循环，重新转到下一次循环条件的判断。BREAK 语句一般用在循环语句中，用于退出本层循环。当程序中有多层循环嵌套时，使用 BREAK 语句只能退出其所在的这一层循环。

9.5.5　无条件转向语句

无条件转向语句也叫 GOTO 语句，可以是程序直接跳到指定的标有标识符的位置处继续执行，而位于 GOTO 语句和标识符之间的程序将不被执行。其语法格式如下：

```
GOTO  label
```

label 是指向的语句标号，标号必须符合标识符规则。

9.5.6　返回语句

RETURN 用于从存储过程、批处理或语句块中无条件退出，不执行位于 RETURN 之后的语句。RETURN 语句的语法形式为：

```
RETURN [ integer_expression ]
```

9.5.7　等待语句

等待语句指定触发语句块、存储过程或事务执行的时刻或需等待的时间间隔、暂时停止执行 SQL 语句、语句块或存储过程等。WAITFOR 语句的语法形式为：

```
WAITFOR { DELAY 'time' | TIME 'time' }
```

其中，DELAY 用于指定时间间隔，TIME 用于指定某一时刻，其数据类型为 datetime，格式为 "hh:mm:ss"。

9.6　批处理与脚本

T-SQL 语言的基本元素是语句，一条或多条语句可以构成一个批处理，一个或多个批处理可以构成一个查询脚本（以.sql 为扩展名的文件），并保存到磁盘文件中，供以后使用。

9.6.1　批处理

批处理就是一个或多个 T-SQL 语句的集合，用户或应用程序一次将它发送给 SQL Server，由 SQL Server 编译成一个执行单元，此单元称为执行计划，执行计划中的语句每次执行一条。批处理的种类较多，如存储过程、触发器、函数内的所有语句都可构成批处理。

9.6.2　脚本

数据库应用过程中，经常需要把编写好的 SQL 语句（如创建数据库对象、调试通过的 SQL 语句集合）保存起来，以便下一次执行同样（或类似）的操作时，调用这些语句集合，这样可以省去重新编写调试 SQL 语句的麻烦，提高工作效率。这些用于执行某项操作的 T-SQL 语句集合称为脚本，T-SQL 脚本存储为扩展名为 sql 的文件。

使用脚本文件对重复操作或几台计算机之间交换 SQL 语句是非常有用的。

脚本是一系列按顺序提交的批处理作业，也就是 SQL 语句的组合。脚本通常以文本的形式存储。与 Java 程序设计的脚本类似，可以脱机编辑、修改。一个 SQL 程序脚本，可以包含一个或多个批处理。不同的批处理之间用 GO 语句分隔。

9.7　游标及其使用

数据库的游标（CURSOR）是类似于 C 语言指针一样的语言结构。游标主要用在存储过程、触发器和 T-SQL 脚本中，使用游标可以对由 SELECT 语句返回的结果集进行逐行处理。

SELECT 语句返回所有满足条件的完整记录集，在数据库应用程序中常常需要处理结果集的一行或多行。游标是结果集的逻辑扩展，可以看成是指向结果集的一个指针，通过使用游标，应用程序可以逐行访问并处理结果集。

游标支持以下功能：

- 在结果集中定位特定行；
- 从结果集的当前位置检索行；
- 支持对结果集中当前位置的行进行数据修改。

用户在使用游标时，应先声明游标，然后打开并使用游标，使用之后应关闭游标、释放资源。

9.7.1　声明游标

T-SQL 中使用 DECLARE CURSOR 语句声明一个游标。声明的游标应该指定产生该游标的结果集的 SELECT 语句。声明游标有两种语法格式：一种是基于 SQL-92 标准的语法格式，另一种是 T-SQL 扩展的语法格式。

1. 基于 SQL-92 标准的语法格式

基于 SQL-92 标准的语法格式如下：

```
DECLARE cursor_name [ INSENSITIVE ] [ SCROLL ] CURSOR
FOR select_statement
[FOR {READ ONLY|UPDATE [OF column_name [ ,...n ] ] } ]
```

2. T-SQL 扩展的语法格式

T-SQL 扩展的语法格式如下：

```
DECLARE cursor_name CURSOR
[ LOCAL | GLOBAL ]
[ FORWARD_ONLY | SCROLL ]
[ STATIC | KEYSET | DYNAMIC | FAST_FORWARD ]
[ READ_ONLY | SCROLL_LOCKS | OPTIMISTIC ]
[ TYPE_WARNING ]
FOR select_statement
[ FOR UPDATE [ OF column_name [ ,...n ] ] ]
```

9.7.2　使用游标

1. 打开游标

使用 OPEN 语句填充该游标。该语句将执行 DECLARE CURSOR 语句中的 SELECT 语句。

语法格式如下：

```
OPEN [GLOBAL] cursor_name
```

2. 从游标中获取数据

使用 FETCH 语句，将缓冲区中的当前记录取出送至主变量，供宿主语言进一步处理。同时，把游标指针向前推进一条记录。

使用 FETCH 语句，从结果集中检索单独的行。语法格式如下：

```
FETCH [NEXT | PRIOR | FIRST | LAST | ABSOLUTE{n|@nvar}|RELATIVE {n|@nvar}]
FROM [GLOBAL] cursor_name
[INTO @variable_name [ ,...n ] ]
```

3. 关闭游标

用 CLOSE 语句关闭游标，释放结果集占用的缓冲区及其他资源。但是，被关闭的游标可以用 OPEN 语句重新初始化，与新的查询结果相联系。

语法格式如下：

```
CLOSE cursor_name
```

4．释放游标

使用 DEALLOCATE 语句从当前的会话中移除游标的引用。该过程完全释放分配给游标的所有资源。游标释放之后不可以用 OPEN 语句重新打开，必须使用 DECLARE 语句重建游标。语法格式如下：

```
DEALLOCATE cursor_name
```

9.8　实验 8——综合应用

9.8.1　实验目的

1．复习前面各章节所学内容；
2．掌握数据库分析、设计和实现的过程；
3．了解数据库系统开发的步骤方法。

9.8.2　实验准备

1．回顾前面各章节所学的所有内容；
2．了解数据库设计方法；
3．了解一种前台开发的语言或平台（ASP、JSP、PB、DEPHI、.NET）。

9.8.3　实验内容

1．建立一个"进销存"数据库，并在该数据库中至少建立以下三个表和相应的各种约束，并插入相应的数据；根据你的分析，该数据库应该怎样完善？实现你的想法。

2．建立一个存储过程 see_price，查询某供应商（输入参数）提供产品的平均进货价和出货价。

3．建立两个触发器：

（1）当进货表插入一条数据时，在库存表中相应编号商品的数量随之增加对应的数量。

（2）当出货表插入一条数据时，若售出的商品数量大于库存量，则发生回滚；若小于，则在库存表中相应编号商品的数量随之减少对应的数量。

4．在查询编辑器运行以下语句：

```
exec see_price '海尔'
exec sp_helpconstraint 进货表
exec sp_helpconstraint 库存表
exec sp_helpindex 进货表
select 数量 from 库存表 where 商品编号='0001'
insert into 进货表  values('0001','111', '2006-5-27',3000)
select 数量 from 库存表 where 商品编号='0001'
```

5．采用一种前台环境开发该进销存系统，相关表格如表 9.9～9.11 所示。

表 9.9　进货表

NO	商品编号	数　量	进货日期	价　格
CHAR（10）主键；设置为标识	CHAR（10）建立一个非聚集索引	INT；建立 CHECK 约束：大于 10	DATETIME 建立一规则：大于 2003-5-1	MONEY
J00001	0002	50	2006-5-28	3000
J00002	0002	20	2006-5-29	3100

表 9.10　出货表

NO	商品编号	数　量	出货日期	价　格
CHAR（10）主键	CHAR（10）	INT	DATETIME	MONEY
C000001	0002	10	2006-5-29	3500
...				

表 9.11　库存表

商品编号	数　量	商品名称	供应商名称
主键；分别与另外两表建立外键约束	默认约束：默认值为 0	CHAR（20）	CHAR（20）
0001	100	计算机	海信
0002	50	电视机	海尔
0003		洗衣机	海尔

参 考 文 献

[1] 王珊，萨师煊. 数据库系统概论（第 4 版）. 北京：高等教育出版社，2007.

[2] Abraham Silberschatz 等. 杨冬青，等译. 数据库系统概念（第 6 版）. 北京：机械工业出版社，2012.

[3] 郑阿奇. SQL Server 2008 应用实践教程. 北京：电子工业出版社，2010.

[4] 刘瑞新，张兵义. SQL Server 数据库技术及应用教程. 北京：电子工业出版社，2012.

[5] 高云，崔艳春. SQL Server 2008 数据库技术实用教程. 北京：清华大学大学出版社，2011.

[6] 何玉洁，等. 数据库原理与应用教程. 北京：机械工业出版社，2010.

[7] 贾铁军. 数据库原理与应用学习与实践指导——SQL Server 2012. 北京：电子工业出版社，2013.

[8] 陈志泊. 数据库原理及应用教程. 北京：人民邮电出版社，2014.

[9] 邱李华，等. SQL Server 2008 数据库应用教程. 北京：人民邮电出版社，2012.

[10] 杨海霞. 数据库原理与设计. 北京：人民邮电出版社，2013.